快速城市化地区
不透水面时空分异规律
及其水文效应研究

黄晓东　刘文锴　王富强　著

中国水利水电出版社
www.waterpub.com.cn
·北京·

内 容 提 要

本书综合运用遥感、地理信息系统、水文学等相关学科知识，对城市不透水面的提取方法、时空分异规律及其水文效应进行了较系统的研究，内容主要包括城市不透水面提取方法的改进、不透水面时空分异规律分析及不透水面水文效应研究。本书的特点在于提出了DELSMA模型，提高了城市不透水面反演精度；明晰了不透水面扩张轨迹及空间形态变化特征，揭示了不同等级不透水面间的转移规律及演变过程；构建了局地尺度上不透水面扩张与城市水文环境变化的关联关系，分析了降水产流过程及河网水系对不透水面变化的响应特征，探究了快速城市化地区水文环境演化机理，从而为建设生态城市，保障城市水安全提供理论支撑。

本书可供从事城市规划、雨洪调控、水务工程、水文学及水资源等方面研究的工程技术人员和科研人员参考使用，也可作为高等院校相关专业师生学习的参考用书。

图书在版编目（CIP）数据

快速城市化地区不透水面时空分异规律及其水文效应研究 / 黄晓东，刘文锴，王富强著. -- 北京 : 中国水利水电出版社，2024. 7. -- ISBN 978-7-5226-2631-4

Ⅰ. TV223.4；P333

中国国家版本馆CIP数据核字第2024MA5091号

书　　名	快速城市化地区不透水面时空分异规律及其水文效应研究 KUAISU CHENGSHIHUA DIQU BUTOUSHUIMIAN SHIKONG FENYI GUILÜ JI QI SHUIWEN XIAOYING YANJIU
作　　者	黄晓东　刘文锴　王富强　著
出版发行	中国水利水电出版社 （北京市海淀区玉渊潭南路1号D座　100038） 网址：www. waterpub. com. cn E-mail：sales@mwr. gov. cn 电话：（010）68545888（营销中心）
经　　售	北京科水图书销售有限公司 电话：（010）68545874、63202643 全国各地新华书店和相关出版物销售网点
排　　版	中国水利水电出版社微机排版中心
印　　刷	北京中献拓方科技发展有限公司
规　　格	184mm×260mm　16开本　7.5印张　182千字
版　　次	2024年7月第1版　2024年7月第1次印刷
印　　数	001—300册
定　　价	**58.00元**

前 言

　　快速城市化地区因城市规模急剧扩大和高强度人类活动影响，地表覆被变化剧烈，大量自然地表转化为人工不透水面地表，而不透水面作为典型的城市下垫面类型，具有阻断水分下渗、蓄热能力强、蒸散能力弱及阻碍气流传输等特点。由此，它可以改变城市水热循环过程，引发城市内涝、水环境污染、水生态受损等城市水问题。所以，开展快速城市化地区不透水面时空分异规律及其水文效应研究，对于认识不透水面变化影响城市水文环境演变机理具有重要的科学意义，对于指导快速城市化地区的城市空间规划、水资源环境保护和构建"人–水–城"协调发展的健康城市具有重要的实践指导意义。

　　本书选取国家中心城市和中原城市群核心城市——郑州市为研究区域，以遥感技术、地理信息系统及水文模型等为研究手段，开展不透水面提取方法改进、不透水面时空分异规律分析及不透水面水文效应研究。主要工作与成果如下：

　　（1）针对传统线性光谱混合分解（linear spectral mixture analysis，简称LSMA）模型在端元提取过程中存在同物异谱干扰和端元分解过剩的问题，提出了基于影像分层的变端元线性光谱混合分解（dynamic endmember linear spectral mixture analysis，简称 DELSMA）模型。DELSMA 模型在混合像元分解应用中具有兼顾地物光谱信息与空间特征的优点，影像分层技术的引入净化了纯净像元的提取环境，降低了同物异谱现象对端元选取的干扰，弥补了传统 LSMA 模型在端元选取过程中只考虑不同地物之间光谱信息差异，而忽略同类地物之间光谱空间差异的不足；变端元方法的引入提高了不同影像层中端元集构成的合理性，弥补了传统 LSMA 模型针对整幅影像采用固定四端元进行光谱分解而造成端元分解过剩的不足。精度验证结果表明，DELSMA 模型的不透水面反演精度高出传统 LSMA 模型约 5 个百分点。

　　（2）基于 DELSMA 模型提取研究区不透水面信息，采用 GIS 和空间计量相结合的方法揭示了不透水面时序变化特征及空间变化规律。结果表明：①面积变化：研究区总体上不透水面比例由 1990 年的 7.01% 增加到 2019 年的 51.49%，呈快速增长态势，各个区的不透水面增量由高到低分别为金水区＞

管城区＞中原区＞惠济区＞二七区；②等级变化：各等级不透水面增量由高到低分别为高覆盖度（50％≤ISP＜75％）＞极高覆盖度（ISP≥75％）＞中覆盖度（35％≤ISP＜50％）＞低覆盖度（20％≤ISP＜35％）＞极低覆盖度（10％≤ISP＜20％）；③空间分布主导方向：研究区不透水面空间分布呈"东南—西北"方向的主导格局，研究期内整体上向东北方扩张，但不显著；④空间集聚差异：不透水面扩张具有显著的空间集聚性，且集聚分布态势越来越明显；⑤景观格局变化：不透水面景观整体多样性提高、蔓延度降低，各等级不透水面景观呈现分散发展的趋势。

（3）基于水文统计分析方法与回归模型定量分析了不透水面变化与城区降水的关系。结果表明：在气候背景一致的条件下，不透水面扩张是导致城郊降水显著差异的主要驱动因素。城郊降水差异主要体现在城区存在"雨岛效应"，增雨系数在1.2左右；城区暴雨发生概率增加，暴雨日数比郊区多53％；城区降水集中期相比郊区延迟约8d。不透水面与城郊降水差异呈二次多项式函数关系，不透水面比例对城区降水产生显著影响的阈值是30％。不透水面对城区年、汛期（6—9月）、主汛期（7—8月）降水量变化的贡献率分别为34.76％、21.87％和44.39％，对夏季雨量增加影响最大。

（4）引入长期水文影响评价（long term hydrologic impact assessment，简称L-THIA）模型建立了适用于郑州市的城市地表径流量模拟模型，模拟了不同雨情和丰平枯水年情景下地表径流量对不透水面变化的响应差异。结果表明：不透水面比例是影响城市地表径流的重要因素，不透水面扩张无论是对日径流量还是年径流量都产生显著影响，导致径流量不同程度的增加。对于日径流量而言，不透水面扩张对日径流量的影响在中雨雨情下最为突出，其次是小雨和大雨，在暴雨情景下影响最弱；对于年径流量而言，枯水年不透水面扩张对年径流量的影响明显大于丰水年。

（5）提取了郑州市主城区长时序地表水体分布信息，分析了不透水面与城市各类水体变化的关系。结果表明：伴随不透水面的扩张过程，城市水体总面积呈波动增加趋势。不透水面扩张总体上与城市河流、湖泊面积呈正相关关系，与坑塘面积呈负相关关系，说明不透水面扩张过程中侵占最多的水体空间为坑塘，对河流湖泊虽有部分填埋侵占，但快速城市化中后期对河流湖泊采取了疏浚、拓宽、开挖等保护措施，使得城市水体空间得以发展。

（6）构建了郑州市主城区水系结构及连通性评价指标体系，分析了不透水面与水系结构及连通性变化的关系。结果表明：伴随不透水面的扩张过程，水系结构及连通性总体上得到提升。郑州市水系基础薄弱，受不透水面扩张方向与强度变化影响，城市河流湖泊经历了填埋占用、疏挖扩建的变化过程，不透水面扩张虽侵占部分细小河流湖泊，使得河网密度有所下降，但主干河流与大型湖泊在不透水面扩张过程中得到拓宽发展，使得水面率增加、水系连通性提升。

本书的出版得到了国家自然科学基金面上项目"黄河三角洲湿地生态系统演变及其多尺度关联机制研究"（52279014）、河南省科技攻关项目"城市不透水面遥感提取和监测关键技术及应用研究"（242102320322）、河南省高等学校重点科研项目"基于异源遥感数据融合的城市不透水面反演及其水文效应研究"（24A570003）的资助，在此表示衷心感谢！

由于城市不透水面水文效应研究的复杂性，本书的出版只能起到"抛砖引玉"的作用。随着遥感技术、地理信息系统等现代科技手段的不断进步，不透水面数据的获取和处理方法也在不断更新，本书所涉及的研究方法和手段仍有有进一步完善和优化空间。城市不透水面的水文效应不仅受到城市化进程、土地利用方式等多种因素的影响，还与水循环、生态环境等系统紧密相连，其间的相互作用机制仍有许多未知领域等待去探索。本书的出版旨在为相关领域的研究者提供一个新的视角和思考框架，以期激发更多的研究兴趣和热情，共同推动城市不透水面水文效应研究的深入发展。此外，由于作者水平有限，书中疏漏和不足之处，敬请读者批评指正。本书写作过程中，对已有的研究成果和文献尽量进行了引用标注，若有不慎遗漏，请予以海涵。

作者

2024 年 4 月于郑州

目　录

第1章 绪 论

1.1 研究背景与意义

1.1.1 研究背景

城市是人类活动最为活跃的区域，城市化（也称"城镇化"）指人口向城市地区聚集和乡村地区转变为城市地区，导致城市规模不断扩张的过程，其社会属性表现为农业人口转变为城市人口、自然属性表现为农业用地转化为城市建设用地。全球生态环境遥感监测2020年度报告指出：目前全球约42.20亿人口居住在城市中，占世界总人口的55.00%；城市土地面积51.98万km^2，占全球陆地总面积的0.34%，相比20世纪末，城市人口数量增长13.73亿人，城市建设用地面积增加28.08万km^2，全球城市化趋势明显。在全球城市化背景下，中国城市化进程也得到前所未有的发展，国家统计局数据显示：目前中国城市人口数量8.48亿，城市化率60.60%，相比20世纪末，提高近30个百分点，已处于全球城市化增长前沿。

城市化进程中，人类为满足居住、工作、生活等社会经济活动需求，对自然景观进行了大规模人工改造，在提高城市居民生活便利性的同时，也对城市生态系统带来负面影响。大量耕地、林地、草地、水体等自然地表被建设为居住区、工业园区、商业区等，城市地表覆被形成以人工不透水面地表为主，绿地与水域镶嵌布局为辅的景观类型。地表覆被的剧烈变化对城市水热循环过程产生显著影响，引发城市内涝、水环境污染、水生态受损等城市水问题，危及城市居民生命财产安全，降低城市宜居性，因此有必要开展城市化背景下的水文效应研究。

如上所述，城市化的显著特征之一是不透水面的不断增加。不透水面是指能够阻隔地表水直接下渗到土壤中的人工地表覆盖，包括道路、广场、建筑物等类型。各类型不透水面具有以下共同特征：一是铺装材料主要为砂石、混凝土等低比热容物质，吸收同样热量，相比植被、水体覆盖区域地表温度上升更多，是城市热岛效应形成的一个主要因素；二是改变了局地雨洪径流形成的下垫面条件，导致雨水汇流速度加快、雨洪历时缩短、洪峰提前、洪量集中，是造成城市内涝的一个重要原因。不透水面扩张对城市水文的影响主要集中于以下几点：一是城区降水多于郊区，这主要是因为不透水面扩张增强了城市热岛效应，城郊大气热力差异促使城区局地气流具有更强的上升动力，导致降水向城区集中；二是地表径流量增加，这主要是因为不透水面阻隔了地表水的自然下渗与储藏过程，蒸散发量和蓄水量减少，降水更多以地表径流的方式汇入排水管网，导致地表径流量增加，降水量大时甚至引起局地城市内涝；三是水环境污染，这主要是因为不透水面覆盖区域地表径流流速快、流量大，附着于地表的污染物经雨水冲刷，未经植被与土壤的拦截、过滤，便被地表径流携裹排入河流、湖泊等受纳水体,当水中污染物累积量超过水体自净能力后,导致水环境恶化;四是水生态受损,这主要是因为不透水面扩张改变了城市河网的自然状态,水体类型、数量、形态发生显著改变,部分河流缩窄变短、湖泊河网衰退消亡,导致河流生态退化。不透水面扩张对城市水文循环各要素及水生态系统产生显著影响,因此不透水面成为城市化背景下水文效应研究的重要切入点。

城市不透水面变化的水文效应研究中面临两个难点:一是如何准确量化不透水面;二是如何将不透水面量化指标引入水文模型描述水文物理过程。目前,遥感影像因其易获取、覆盖范围广、数据资料丰富等优势成为反演不透水面信息的主要数据源。不透水面数据分为离散型数据和连续型数据,离散型数据属于基于像元硬分类的土地利用/覆被分类结果,每个像元只能代表一种土地利用/覆被类型,但实际地物中,单个像元往往包含多种地物类型,使得分类结果与真实地表构成产生主观及客观上的误差,尤其是在地物构成场景复杂的城市化地区,常常会因为误差而掩盖地表覆被变化的真实性。当研究不透水面变化的水文效应时,往往不能有效解释水循环过程及水生态功能对不透水面变化响应的渐变性。地表覆被变化更多的是一种渐变过程,在相邻像元内,常常表现为组分的增加或减少,因而连续型数据更能表示地表覆被在空间的渐变梯度,因此连续型数据更适合于不透水面水文效应研究。不透水面覆盖度(impervious surface percentage,简称 ISP)正是这样一种能够表征城市地表覆被动态的连续型数据,ISP 指单位地表面积中不透水面的面积所占的百分比,其空间分布格局是对城市土地利用形态的一种连续性描述,精度显著高于离散型数据,获取不透水面覆盖度及其变化信息对于揭示城市地区地表覆被时空演变规律及其驱动因子,分析评价区域水文效应具有重要作用。水文模型是用以描述水文过程、开展水文分析与计算的有效工具,在城市产汇流计算中具有重要应用。下垫面条件作为影响产汇流过程的重要因素,其数据精度对水文模型的模拟结果具有显著影响。多数水文模型的土地覆被参数采用的是基于像元硬分类的土地利用分类结果,而在城市地区各种土地利用类型镶嵌分布,单个像元内可能包含多种地物,这种按照简单像元硬分类结果得到的土地覆被参数会导致产汇流模拟结果精度偏低,而基于亚像元分类得到的不透水面覆盖度(ISP)因对地表覆被描述准确,能够更好地用于产汇流计算。长期水文影响评价模型(long term hydrologic impact assessment,简称 L-THIA)是一款常用于不透水面水文影响研究的城市水文模型,该模型输入数据少、模拟结果精度高、能够利用 GIS 对结果进行快速显示。L-THIA 模型侧重于地表覆被变化对长期水文过程的影响,可以很好地对每个研究单元进行径流估算及其产生的非点源污染负荷模拟。随着模型的完善,L-THIA GIS ver. 2013 版本的土地利用输入数据类型由原版本的 8 种增加至 60 种,其中包括不同不透水面覆盖度的城市地表覆被类型,而且输出结果由早期版本的多年平均径流深变为逐日、逐月和逐年的径流产生量及非点源污染负荷,使 L-THIA 模型操作更加简便,应用范围更广,尤其适用于以不透水面覆盖度为数据源的水文模拟研究。针对以上两个研究难点,以 RS、GIS 技术为支撑,结合城市水文模型与空间计量方法,选取典型快速城市化地区为研究对象,开展城市化背景下水文过程对不透水面变化的响应研究。

郑州市作为中部地区的大都会,近几十年来城市建设日新月异,城市化率从 1978 年的 32.4% 发展到 2019 年的 74.6%,2017 年被确定为国家中心城市,城市化发展进程具有典型性和代表性。在国家中心城市建设过程中，土地资源是基础、水安全是保障。随着国家中心城市、郑州大都市区等一系列开发战略的实施，该区域将处于超常规的发展阶段，人口急剧膨胀、交通线路快速建设、建成区面积快速扩张，剧烈的地表覆被变化导致不透水面密度与面积显著增加，诸多环境问题也随之凸显，其中与水有关的环境问题有城市内涝、水环境污染、水生态受损等，城市水循环机理发生了深刻变化。因此，科学认识城市化背景下不透水面变化的水文效应，协调好城市发展与水资源、水环境、水生态问题之间的关系，成为实现郑州市作为国家中心城市高质量发展的必然要求。

1.1.2　研究意义

本书围绕城市水文环境对不透水面变化的响应问题，以典型快速城市化地区——郑州市为研究对象，开展不透水面提取方法改进、不透水面时空演变特征分析、城市降水产流过程及河网水系对不透水面变化响应特征分析等研究，从不透水面提取方法到应用形成完整的城市不透水面水文效应研究思路。不透水面作为城市水文效应研究中的关键因子，其数据精度直接影响到城市水文效应研究结果的准确性与可信度。研究成果为生产高精度城市不透水面产品提供有效的方法手段，丰富了不透水面提取方法研究体系，揭示了研究区不透水面时空分异规律，明晰了不透水面扩张导致的城市水文环境变化特征，对于认识高强度人类活动影响城市水文环境演变机理具有重要科学意义，对于指导典型快速城市化地区的城市空间规划、水资源环境保护和构建"人—水—城"协调发展的健康城市具有重要的实践指导意义。

1.2　国内外研究进展

1.2.1　城市不透水面提取方法研究

城市不透水面提取手段经历了由手工绘制到计算机自动解译的发展过程，遥感解译理论与技术的发展为不透水面提取方法的不断更新奠定了基础。20世纪70—80年代，航空摄影是估算和绘制不透水面的主要遥感数据源，常用的4类提取方法包括：面积法、格子法、影像分类技术和替代法。20世纪90年代，由于遥感卫星影像缺乏且不易获取，因此基于遥感卫星影像的不透水面提取研究发展缓慢。2000年之后，随着遥感卫星传感器数量的增加与各国关于对地观测数据共享管理机制的健全，遥感数据来源多元化、获取成本降低，为不透水面遥感反演研究提供了数据基础，不透水面提取方法得到快速发展。根据不透水面遥感反演原理不同，可归纳为光谱混合分析法、指数法、机器学习法三大类，表1-1对各种方法的分类性质及最适合的数据源进行了总结。

表1-1　　　　　　　　　　主要的不透水面遥感方法

大类	方法	逐像元	亚像元	计算 ISP	中分辨率影像	高分辨率影像
光谱混合分析法	LSMA		+	+	+	
	SASMA		+	+	+	
	PKSMA		+	+	+	
	S - R - LSMA		+	+	+	
	Sp - SSMA		+	+	+	

大类	方法	逐像元	亚像元	计算 ISP	中分辨率影像	高分辨率影像
指数法	NDISI	+			+	
	BCI	+			+	+
	CBI	+			+	+
	MNDISI	+			+	
	NDII	+			+	
	PII	+			+	
	ENDISI	+			+	
	BRISI	+			+	
机器学习法	SVM	+			+	+
	ANN	+	+	+	+	+
	CART	+	+		+	+
	RF	+			+	+

注 中分辨率影像的空间分辨率为 10～100m，高分辨率影像的空间分辨率为 10m 以内。

1. 光谱混合分析法

光谱混合分析法通过光谱比较和匹配达到对地物的分类识别目的，是解决遥感解译中混合像元问题的有效手段。Ridd 提出的 V‐I‐S 模型认为城市地表每个最小构成单元均由植被（vegetation）、不透水面（impervious surface）和裸土（soil）三种地类按一定比例混合组成，这一固定端元思想为光谱混合分析法的实现提供了理论基础，但受限于遥感技术条件，Ridd 只是提出了概念框架，并没有直接应用遥感影像估算出不透水面比例。随着遥感技术和计算机图像处理技术的发展，V‐I‐S 模型逐渐被许多研究所采用。Wu和 Murray 首次将 V‐I‐S 概念框架与光谱分离技术相结合，并以 Landsat ETM＋影像为数据源进行了实证研究，提取了美国哥伦布市区的不透水面空间分布，探索了基于 V‐I‐S模型的城市不透水面覆盖制图与评价，实现了真正意义上的可操作的线性光谱混合分解（linear spectral mixture analysis，简称 LSMA）。为减少端元内的光谱变异性，Wu 在后续研究中仍以覆盖哥伦布市区的 Landsat ETM＋影像为例，在线性光谱分离前，先对影像光谱进行归一化处理，有效减少了端元内的光谱变异性，提高了不透水面反演精度。LSMA 模型致力于解决混合像元问题，可用于城市复杂地区的混合像元分解，但也存在着有效纯净端元选取困难、对地物空间信息考虑不足等问题，许多学者在 LSMA 模型基础上针对以上难点进行深入探讨，提出一系列改进模型，如 Deng 等提出了空间自适应光谱混合分解（spatially adaptive spectral mixture analysis，简称 SASMA）模型，Zhang 等提出了基于先验知识的光谱混合分解（prior‐knowledge‐based spectral mixture analysis，简称 PKSMA）模型，Li 等提出了基于分割和规则的线性光谱混合分解（segmentation‐based and rule‐based linear spectral mixture analysis，简称 S‐R‐LSMA）模型，这些改进模型将空间信息引入混合像元分解，依据地物纹理、形状、尺度、紧密度等空间信息将整幅影像分为城市和农村区域或不同密度的匀质区域，然后对不同区域采用不同的端元集，这在一定程度上提高了混合像元分解的精度。但是由于应用于各个区域的端元集取自整幅影像，忽视了同类地物之间的光谱类内差异，对不透水面反演精度产生影响。Sun 等提出的基于光谱域的分层光谱混合分解（stratified spectral mixture analysis in spectral domain，简称 Sp-SSMA）模型，采用在各影像层内独自选取端元集的方法，避免了类内差异的干扰。尽管该模型可有效提高不透水面覆盖度的提取精度，但由于影像分层较多，单层影像内地物较为破碎，代表性纯净端元选取难度大，在一定程度上制约了该模型的应用。伴随遥感影像处理技术的提升，兼顾地物光谱信息与空间信息的线性光谱分离技术成为新的发展方向，将推动不透水面遥感研究进一步向前发展。

2. 指数法

指数法通过比值运算实现增强不透水面信息的目的，在增强目标地物、抑制背景地物信息处理的基础上，借助阈值分割将不透水面从全部地物中单独提取出来。徐涵秋首次采用复合波段的形式创建了归一化差值不透水面指数（normalized difference impervious surface index，简称 NDISI），能够有效增强不透水面信息，但由于该指数使用的热红外波段空间分辨率较低，不透水面反演精度一定程度上受到混合像元影响。在后续研究中，Deng 等利用缨帽变换的 3 个分量构建了生物物理组成指数（biophysical composition index，简称 BCI），Sun 等利用影像原始波段衍生出的 3 个次级指数，构建了组合不透水面指数（combinational build-up index，简称 CBI），BCI 和 CBI 指数均未使用热红外波段，弥补了 NDISI 指数在高分辨影像中应用的不足。通过利用高中低光谱/空间分辨率影像对指数在城市不透水面信息提取应用中的适用性与精度进行定性和定量研究，发现 BCI 和 CBI 指数对不同类型的传感器均有较好的适用性，且不透水面提取精度较高，能够适应传感器发展对不透水面指数提出的要求，但 BCI 和 CBI 指数的使用必须预先掩膜掉水体，并对影像原始波段进行初步指数计算处理，相比 NDISI 指数增加了方法的复杂性。指数法因操作简单，不需要训练样本等优势得到广泛应用，随着遥感技术的发展，陆续有其他学者针对不同传感器、不同应用场景构建了一系列不透水面指数，如 Liu 等提出了改进归一化差值不透水面指数（normalized difference impervious surface index，简称 MNDISI），Wang 等提出了归一化差值不透水层指数（normalized difference impervious index，简称 NDII），田玉刚等提出了垂直不透水层指数（perpendicular impervious index，简称 PII），穆亚超等提出了增强型不透水面指数（enhanced normalized difference impervious surface index，简称 ENDISI），曹勇等提出了抑制裸地的不透水面指数（bareness-restrained impervious surface index，简称 BRISI）。目前指数法在不透水面提取应用中仍面临两大难点：一是分割阈值的确定，指数法的计算结果实现了增强不透水面信息、抑制背景地物信息的目的，但将不透水面从整幅影像中单独提取出来，还需要确定不透水面与背景地物的分割阈值，人为确定阈值大小主观性较强，影响不透水面提取精度；二是提取结果的量化应用，由于指数法属于基于像元的硬分类方法，不透水面提取结果不能同真实的不透水面含量相关联，难以进行绝对量化分析。

3. 机器学习法

机器学习法是基于样本数据使用机器学习算法预测类别，常用的机器学习算法包括：支持向量机（support vector machine，简称 SVM）、人工神经网络（artificial neural network，简称 ANN）、分类回归树（classification and regression tree，简称 CART）、随机森林（random forest，简称 RF）等。SVM 算法对样本数量要求低，但分类精度受核函数选择影响较大，Cheng 等基于 Landsat TM 数据验证了 SVM 在城市地物复杂地区不透水面提取方面的性能，同时比较了不同特征输入对 SVM 算法精度的影响，结果表明 SVM 算法在大区域不透水面提取上具有较好的应用潜力。Yu 等基于资源三号卫星和 SPOT 5 数据提出一种基于度量学习和支持向量机融合的多特征联合应用方法 DML-SVM，用以解决城市环境下光谱异质性的问题，结果表明利用该方法可显著提高城市地区不透水面的提取精度。ANN 算法可并行处理包括地物光谱特征、纹理、形状等多种数据和先验知识，但对数据预处理要求较高，Zhang 等基于 Landsat ETM＋数据探讨了 ANN 和 SVM 两种机器学习算法在不同季节的不透水面提取效果，结果表明两种算法精度的季节变化基本一致，但 ANN 相比 SVM 在季节敏感性方面表现更稳定，精度变化较小。郭伟通过对低分辨率遥感影像及其融合变量和高分辨率遥感影像获取的参考数据选取样本点，采用 ANN 回归法建立参考数据和低分辨率遥感数据之间的关系，用于大尺度不透水面分布制图，并与传统线性回归不透水面反演结果进行比较，结果表明机器学习语言 ANN 回归法比传统的线性回归方法具有更高的不透水面提取精度。CART 算法依据训练数据产生的分类规则来预测连续变量，数据处理容量大，但对数据噪声和样本误差敏感，美国国家土地覆盖数据库中的不透水面信息即是采用 CART 算法反演得到，验证了 CART 算法在大范围不透水面反演中的实用价值。RF 算法具有对噪声鲁棒、对异常值敏感性低的优势，但分类精度受样本数据分布均衡性的影响，Schneider 等基于精度评价指标对 RF、MLE 和 SVM 算法进行比较，认为 RF 算法在应对数据缺失时，能达到更好的分类效果，且在城市化核心区及半城市化地区该算法均有较好的适用性。Zhang 等综合利用光学和 SAR 影像数据，通过对结合图像的参数优化，评估了 RF 算法在不透水面提取中的应用潜力。采用机器学习法能够实现大范围不透水面信息的自动化反演，但其精度很大程度上取决于训练样本的质量。

1.2.2　城市不透水面时空演变研究

不透水面比例能够表征城市化程度，不透水面景观格局与城市生态环境息息相关，由此，城市不透水面变化监测已成为城市化及其伴生生态效应研究中的一项重要内容。RS 与 GIS 技术的结合应用推动不透水面变化监测研究向纵深方向发展，国内外学者基于 RS 反演获取不透水面信息，采用 GIS 的空间统计分析功能，并结合多种理论方法对不透水面时空变化及分布特征开展了大量的研究，主要包括以下几个方面。

1. 采用空间统计分析对不透水面时空变化及差异进行描述

不透水面扩张是地表覆被变化的主要现象，通过对不透水面的增长幅度、增长速率、增长模式及扩张方向等特征进行空间统计分析，可准确描述城市地表的动态变化过程。李志等基于线性光谱分解技术和典型样地不透水率基准化方法提取了南昌市 1995—2014 年不透水面覆盖度，并采用标准差椭圆和图形拓扑分析法对不透水面的扩张方向和增长模式进行确定。Li 等提取了杭州市 1991—2014 年的不透水面面积，并构建缓冲区，分析了不透水面在东、东南、南、西南、西、西北、北、东北 8 个方向上的时空变化。陈云生分析了郑州市 2000—2015 年四环内的不透水面时空变化特征，发现不透水面重心向东偏北方位转移。吴溪等采用不透水面密度、扩展速度和扩张强度等指标研究了环胶州湾1990—2016年不透水面扩张趋势。Yang 等对滇池流域 1988—2017 年不透水面时空变化进行分析，发现滇池流域不透水面面积显著增加，暴露出"激进"和"大跃进"的城市扩展特征，并指出高程、坡度等地形条件是城市扩展的主要制约因素。Pan 等对"一带一路"沿线 65 个城市 2000—2015 年不透水面变化进行城市级别比较，为"一带一路"倡议的实施提供重要的基础数据信息。

2. 引入空间自相关方法探索不透水面扩张的空间集聚特征

空间自相关分析方法可定量度量相邻地表覆盖特征在空间上的依赖关系。不透水面扩张受区位、地形、政策等因素影响，在空间上表现出集聚差异，空间自相关分析方法能够定量化反映出不透水面扩张过程中的不同研究单元之间的空间集聚差异。谢苗苗等以深圳市为例，选取适用于连续变量的 Moran's I 对不透水面景观进行空间自相关分析，结果表明不透水面扩张在空间上显示出较强的空间自相关特征。刘珍环等采用空间自相关分析方法进一步对深圳市 1990—2005 年不透水面的空间分异演变过程进行分析，发现不同时期不透水面覆盖度均呈现正的空间相关特征，空间依赖性强，但经历了分散——单中心聚集——多中心分散——多中心聚集的演变过程。傅滨桢对福州市不透水面扩张的空间集聚性进行了分析，由空间自相关分析结果可知，集聚形式以高至高集聚、低至低集聚为主，并在此基础上结合空间统计分析方法确定了不透水面扩张的冷热点分布区域。Li 等结合空间相关分析方法分析了徐州市 1995—2018 年的不透水面扩张特征，结果表明不透水面扩张速度具有显著的空间自相关性，且随着城市化进程的推进，不透水面的空间集聚性逐渐增加。

3. 引入分形理论探索不透水面的空间分形特征

分形理论能够描述具有复杂和不规则形状的对象，在城市空间形态研究中逐渐获得应用。城市是一个不规则形状的复杂系统，不透水面作为城市地表的典型覆盖类型，其扩张过程并不是匀质的，而是具有跳跃性、非线性、非平衡型等复杂的分形特征。随着研究的深入，分析理论逐渐被引入不透水面时空演变分析应用中，用以探索不透水面动态增长中的空间结构特征。聂芹在上海市不透水面空间分布研究中，引入分形理论，为后续研究者提供了应用分形理论探讨不透水面空间分布无标度性质的研究思路。傅滨桢采用分形理论中的半径维数和剖面线分析方法研究了福州市中心城区不透水面向外扩张的形态演变规律。周玄德借助分形理论的相关模型分析了干旱区绿洲城市不透水面空间分布的自相似特征，发现不透水面中不论是轴线上还是整个区域都存在标度不变性。

4. 引入景观生态学理论分析不透水面景观内部空间特征

不透水面作为一种独立的地表覆被景观类型，因自身形状、密度及空间分布特征不同导致不透水面的分布呈现出异质性。通过将不透水面景观组分进行盖度分级处理，结合景观格局指数，可对其内部空间格局变化特征进行有效刻画。刘珍环等将深圳市不透水面覆盖度提取结果分为 6 个等级，结合景观格局指数法对不透水面时空变化特征开展分析，发现深圳市不透水面景观多样性程度较高，团聚程度较低，优势斑块类型经历了由低覆盖度不透水面向高覆盖度不透水面转变的过程，与城市化进程一致，充分反映了城市化进程对地表覆被变化的深刻影响。Fan 等在提取广州市 1990—2009 年不透水面的基础上，基于两条相互垂直的样线沿城市扩展方向进行梯度分析，以中、高覆盖度不透水面距离原点的距离计算景观指数，分析沿城市蔓延方向的不透水面景观时空格局变化。乔琨等采用景观格局指数对北京市1991—2015年不同功能区不透水面景观的结构组成和空间配置特征演变进行分析，发现各功能区不透水面的空间分布异质性逐渐减弱，高覆盖度不透水面分布最为集中，对生态环境影响较大。张扬等针对武汉市2002—2015年不透水面时空格局变化进行分析，景观格局分析结果表明各等级不透水面景观在研究期内变动剧烈，中高覆盖度不透水面景观已成为城市不透水面的主要景观类型。

1.2.3　城市不透水面水文效应研究

城市不透水面的水文效应十分复杂，涉及水循环、洪涝灾害、水资源、水环境、水生态系统、物质迁移及水热交换等多个过程，关系城市水安全和高质量发展，本质上属于城市水文学的研究范畴。国际上城市水文学起源于20世纪60年代，主要用于解决欧美国家因工业化和城市化导致的城市水问题，受限于当时水文理论与技术水平条件，城市水文学发展较慢。20世纪80年代以来，随着RS和GIS技术在水文学上的应用以及分布式水文模型技术的提出和发展，城市水文学研究进入快速发展阶段。中国城市水文学研究始于20世纪80年代末，当时主要以水文观测资料开展了城市化对降水影响研究。到20世纪90年代，国内学者开始应用城市水文模型解决部分城市水问题。2000年之后，我国城市水文学进入快速发展阶段，研究领域涵盖城市化水文效应研究、城市化伴生的水环境及水生态效应、城市化水文过程机理研究、城市水文过程模拟模型等。

城市化地区的不透水面扩张已成为影响城市水文过程的重要因素，城市化过程中对区域水循环和水过程产生的影响以及由此引发的水文现象称为城市化水文效应。主要表现在以下几个方面：城市化对城市地区水循环过程的影响，包括城市下垫面条件改变造成的降水、蒸散发、径流特征变化；城市化对水环境生态系统的影响，包括城市化对水质、水系连通性以及水体热缓释功能的影响；城市化对水资源的影响，主要为用水需求量的增加以及由于污染而造成水资源短缺。

1. 城市化对水循环过程的影响

（1）对于降水过程。Shepherd使用108年的降水数据对美国亚利桑那州凤凰城和沙特阿拉伯利雅得两个干旱地区城市的降水变化进行研究，结果表明城市化后（1950—2003年）比城市化前（1895—1949年）年降水量增加13%，下垫面变化是其主要影响因素。Kishtawal等研究了印度城市化对降水类型的影响，结果表明城市化导致强降水增加、小雨减少。陈秀洪等基于遥感数据和逐时降水实测资料，对影响广州市降水强度的因素进行探讨，发现城市化建设导致的地表性质改变是造成降水强度增大的主要原因。

（2）对于蒸散发。许有鹏等定量研究了秦淮河流域不透水面变化对水文过程的影响程度，发现流域不透水面比例持续增加，由1998年的4.2%增加到2001年的7.5%，再到2006年的13.2%，对应时期内的蒸发量分别减少了3.3%（1998—2001年）和7.2%（2001—2006年），结果表明不透水面比例与蒸发量呈显著负相关关系。唐婷等基于遥感数据和气象数据定量评估了京津唐地区地表蒸散发量对土地覆被变化的响应程度，结果表明各土地利用类型转化为城市用地会使日蒸散发降低，且水域转化成城市用地后，其日蒸散发量降低最多。

（3）对于地表径流。张建云在梳理城市化水文效应的影响时，指出不透水面比例与径流系数呈显著的正相关关系，城市化增加了城市的防洪与排涝压力。Zhang 等利用 L-THIA 模型探讨了东莞市城市化对地表径流的长期影响，发现不透水面的面积增加了52%，年径流深增加了58%，径流系数增加了5.83%，表明地表径流的增加与城市化有关。巨鑫慧等研究了京津冀地区城市化进程对多年平均地表径流量的影响，结果表明不透水面对地表径流的贡献率最大，且随着土地利用格局的变化贡献率逐年上升。

2. 城市化对水生态系统的影响

（1）对于水质。许有鹏等研究了长江三角洲地区的南苕溪流域的城市发展对水环境和河网水系的影响，发现城市化的快速发展会导致河网结构单一化趋势加强、河流自净纳污能力削弱、河网水质弱化等问题，表明城市化发展对河流水生态与水环境造成了较大影响。Carstens 等利用 RS 和 GIS 技术研究了美国路易斯安纳州庞恰特雷恩流域水质与城市化之间的关系，结果表明由于城市扩张增加了废水排放和地表径流非点源污染，导致该区域水质受损。

（2）对于水系连通性。邵玉龙等研究了苏州市中心区城市化对水系连通性的影响，结果表明随着城市化程度的加深，部分支流被掩埋，主干河流被拓宽取直，河流主干化趋势明显；河链数和节点数的减少导致水系连通性下降。傅春等分析了南昌市水系连通变化，结果表明不透水面对河流的侵占造成水系连通性下降，人工河的挖建可提升水系连通度。郭科探讨了郑州市主城区水系连通性在城市化影响下的变化趋势，结果表明水系连通性经历了先下降后回升的变化过程。

（3）对于水体热缓释功能。孟宪磊以上海为例，系统分析了城市热岛效应与地表三大要素（不透水面、植被和水体）的关系，结果表明不透水面显著增强了城市热岛效应，而植被和水体具有降低局地温度的生态功能，且水体降温效果与城市发展密度有关。岳文泽等分析了上海市水体冷岛效应的影响因素，结果表明水体对周围环境的降温效果与水体大小、形状及周围不透水面分布比例有关。王美雅等采用多元回归模型定量分析了福州市1989—2014 年水体变化对城市热岛效应的影响程度，结果表明研究期内水体面积持续减少，减少的水体对建设区温度上升的平均贡献为1.03℃。

3. 城市化对水资源的影响

（1）供水角度。仇保兴指出"水质型缺水"已成为威胁我国城市水安全的主要因素，城市化过程中由于人口和产业激增，耗水量大幅度提升，同时大量工农业废水及生活污水排入自然水体而导致城市供水水源污染严重，不再适于城市生产生活取用，引发城市水资源危机。陆咏晴等研究发现"水量型缺水"挑战依然严峻，基于区域降水量，降水时间和空间不均匀性以及气候变化导致的极端干旱综合评估了我国各城市的水资源压力，结果表明我国城市水资源总体上呈现南多北少的特点，气候变化下，区域水资源不平衡状况会进一步扩大。

（2）需水角度。王浩等指出我国仍处于社会经济和城市化快速发展阶段，刚性用水需求在今后较长一个时期会持续增加，需求结构会进一步演进。Chen 等对深圳市水资源平衡进行了定量评价，结果表明城市尺度上水资源需求大于供给，供需不平衡区域占总面积的89.9%，生态需水量和生活需水量增长最多。

1.2.4　国内外研究述评

上述研究丰富和完善了城市不透水面提取、时空演变及城市化水文效应等相关理论与方法，推动了不透水面水文效应研究向纵深发展，但在以下方面有待进一步深入研究：

（1）不透水面遥感在 2000 年之后步入快速发展时期，依据原理不同划分为光谱混合分析法、指数法、机器学习法三大类，其中光谱混合分析法中的 LSMA 模型，因其反演结果为连续型的地表覆盖数据，与真实不透水面含量最为接近，成为不透水面提取的主流方法。但 LSMA 模型主要依赖地物光谱信息，对地物空间背景信息考虑不足，导致端元选取过程中易出现同物异谱干扰及端元分解过剩的问题，下一步研究应着重开发操作性强的兼顾地物光谱信息与空间信息的线性光谱分解模型，弥补 LSMA 模型端元选取过程中存在的不足，推动不透水面遥感反演技术向前发展。

（2）城市不透水面的时空格局演变是一个复杂的时空过程，多种空间分析方法、空间计量模型与景观生态学理论已被引入于城市不透水面时空分异研究。目前，针对郑州市不透水面变化的时空特征研究较少，且涉及的时间段较短，不透水面数据为像元级别的离散型数据，不能很好地与地表不透水面真实值相关联，难以进行绝对量化分析，缺乏对不透水面内部等级结构的变化研究，因此有待从亚像元视角进一步揭示不透水面变化的时空格局演变规律，重建近 30 年郑州市不同时期不透水面扩张变迁过程。

（3）关于城市化水文效应已经积累了一定研究成果，但这些研究大多以土地利用/覆被类型数据为基础，类型数据因包含混合像元所固有的分类误差而存在一定研究缺陷，作为城市水文效应研究参数的合理性与准确性还有待深入探讨。不透水面连续型数据不存在复杂的分类问题，物理意义明确，能够从亚像元视角简便反映城市区域地表覆被变化过程，描述城市水文效应也更加直观，一直以来被认为是研究城市化水文效应的最佳参数，但不透水面百分比数据的准确获取是制约该参数应用于城市水文模拟研究的主要障碍。因此，如何发挥多学科融合优势，将 RS 和 GIS 技术的数据获取、空间分析优势应用于城市水文效应分析，仍有待深入研究。

（4）针对郑州不透水面变化及其对水文效应影响的研究较少，在一定程度上制约了郑州国家中心城市的建设，导致此方面决策支撑信息的严重缺失，因此对不透水面变化导致的水循环、水生态变化等水文效应的系统研究有待加强。

1.3　研　究　方　案

1.3.1　研究目标

本书针对城市水文环境对土地利用/覆被变化的响应问题，以典型快速城市化地区——郑州市为研究对象，用不透水面覆盖度表征城市地区的连续型地表覆被格局，拓展连续型数据在城市土地利用/覆被变化及其水文效应定量研究中的应用；综合采用多种空间统计分析方法，揭示城市不透水面时空分异规律及演变过程；在此基础上，以 RS 和 GIS 技术为支撑，结合 L-THIA 城市水文模型、多元回归模型及数学统计分析，探讨不透水面与城区降水、径流、水体类型变化、水系结构及连通性的关系，为合理规划城市不透水面规模与布局、降低城市洪涝灾害风险、改善城市水文环境提供理论参考。

1.3.2 研究内容

依据研究目标，本书主要研究以下几个方面内容。

1. 不透水面提取方法研究

针对传统 LSMA 模型在端元提取过程中存在同物异谱干扰和端元分解过剩的问题，本书提出一种基于影像分层的变端元线性光谱混合分解（DELSMA）模型。DELSMA 模型在混合像元分解应用中引入影像分层技术，能够净化纯净像元提取环境，降低同物异谱现象对端元选取的干扰，弥补传统 LSMA 模型在端元选取过程中只考虑不同地物之间光谱信息差异，而忽略同类地物之间光谱空间差异的不足；引入变端元思想，能够提高不同影像层中端元集构成的合理性，弥补传统 LSMA 模型针对整幅影像采用固定四端元进行光谱分解而造成端元分解过剩的不足。

2. 不透水面时空分异规律分析

采用 DELSMA 模型反演不透水面信息，从时序变化和空间变化两方面开展不透水面时空分异规律分析，揭示城市内部不透水面的转移特征和景观格局变化规律。基于数学统计分析方法，通过统计计算对不透水面面积变化的时序规律进行分析；通过转移矩阵分析全面而又具体地刻画不透水面覆盖度变化的结构特征与各等级不透水面覆盖度变化的趋势。基于 GIS 和空间计量相结合的方法，通过中位数中心和标准差椭圆分析方法揭示不透水面空间变化轨迹；通过全局（局部）空间自相关分析方法识别不透水面空间集聚差异；通过景观格局指数法揭示各等级不透水面的景观格局变化规律。

3. 降水产流过程对不透水面变化的响应特征分析

以遥感技术获取的城市不透水面为基础，采用数学模型与城市水文模型相结合的方法，以城区降水、径流变化与不透水面的相关性分析为切入点，探讨城区降水产流过程对不透水面变化的响应特征。不透水面与城区降水变化的相关性分析：基于提取的不透水面数据及逐日降水量监测数据，采用城郊对比法多角度分析城郊降水差异，在此基础上，通过数学模型定量探讨不透水面与城郊降水差异的关系及不透水面对城区降水变化的贡献率。不透水面变化对地表径流的模拟分析：RS、GIS 技术与城市水文模型 L-THIA 结合，依据研究区土壤类型与土地利用特点，对模型进行参数校正和有效性检验，在此基础上，模拟小雨、中雨、大雨和暴雨雨情下由于不透水面的比例变化而导致的日径流量变化，以定量比较不透水面扩张对日径流量的影响，并分析其成因。模拟不同水文年（丰水年、平水年、枯水年）情景下的降水量情况对年径流量的响应变化，以定量比较不透水面扩张对年径流量的影响，并分析其成因。

4. 河网水系对不透水面变化的响应特征分析

以 RS 与 GIS 为技术支撑，提取长时序地表水体分布信息，采用空间统计分析与数学模型相结合的方法，以水体类型、水系连通性变化与不透水面的相关性分析为切入点，探讨河网水系对不透水面变化的响应特征。首先基于长时间序列的遥感数据，利用 ENVI 和 ArcGIS 强大的影像处理、专题信息提取与空间统计分析等功能，提取研究区长时序水体分布信息，在此基础上借助数学模型定量分析不透水面与各类水体变化的关系。然后，基于地表水体提取结果获取水系数据，构建描述城市水系结构及连通性的评价指标体系，在此基础上借助数学模型定量分析不透水面与水系结构及连通性的关系。

1.3.3　研究方法

1. 文献研究

对研究主题进行文献梳理是开展科学研究的重要基础，已有相关研究成果可为新的研究提供理论和经验上的支撑。本书在对 LSMA 模型原理与应用效果进行总结的基础上，针对其在端元选取过程中面临的同物异谱干扰和端元分解过剩的问题，引入影像分层技术和变端元思想，净化纯净像元选取环境、提高端元集构成的合理性。在对城市化水文效应相关研究总结分析的基础上，选取不透水面为切入点，定量分析不透水面变化对城市水文效应的影响。

2. 遥感信息提取技术

遥感信息提取技术能够从遥感观测数据中定量估算地球环境要素，已经成为快速、准确获取地表信息的主要手段，能够为城市变化监测、资源评估、生态环境评价等领域研究提供海量基础数据。Landsat 系列卫星影像因其具有空间分辨率适中、存档数据多、波段信息丰富等优势，使其在长时序城市地表信息反演中得到广泛引用。本书依据地表信息在 Landsat 影像中呈现的不同光谱与空间特征，选取不同的遥感反演方法，有针对性地提取了研究区不透水面覆盖度、地表水体等地表要素信息，并进行系统分析研究。

3. GIS 空间统计分析技术

GIS 空间统计分析技术作为地理信息系统核心功能之一，其应用分析功能模块丰富，能够基于地理空间数据实现地物空间特征的多用途分析与计算，在人机交互操作模式下以可视化方式展现分析结果，为人们解决实际应用问题提供可靠的决策支持。本书在获取不透水面分布栅格数据的基础上，借助 GIS 空间统计分析技术的提取分析、统计计算及地理分布空间度量分析等功能，揭示不透水面的时空分异规律和演变过程。

4. 城市水文模型模拟分析

城市水文模型是研究城市地表覆被变化对水文过程影响的重要工具，能够利用有限的数据资料模拟复杂的水文循环变化过程。随着学科交融发展，RS 与 GIS 技术的注入为城市水文模型发展提供了可靠的数据和平台基础，促进了城市水文模型的完善和发展。本书采用基于 GIS 平台开发的 L-THIA 模型开展不透水面扩张对径流影响的研究，该模型具有所需参数少、与地理信息系统融合度高、精度可靠等优势，其模拟结果能够定量反映地表径流对降水强度和不透水面变化的响应程度。

5. 定量化的数学模型分析

城市是一个人工与自然融合的地域，各种自然与人工要素在城市扩展过程中并不是单独发挥作用，而是以某种关系相互连接共同推动城市发展，定量化的数学模型为明晰各要素之间的关系提供了科学的方法。本书采用相关性分析、回归分析等方法分析了城市扩展过程中不透水面与城市水文环境要素的定量关系，揭示不透水面扩张在城市水文效应变化中的作用。

1.3.4　技术路线

本文的技术路线如图 1-1 所示，共有五部分：第一部分是研究区范围界定和数据资料收集及预处理；第二部分是 DELSMA 模型构建及精度验证，这部分内容是本研究的创新点之一，针对传统 LSMA 模型在端元选取过程中面临的同物异谱干扰和端元分解过剩

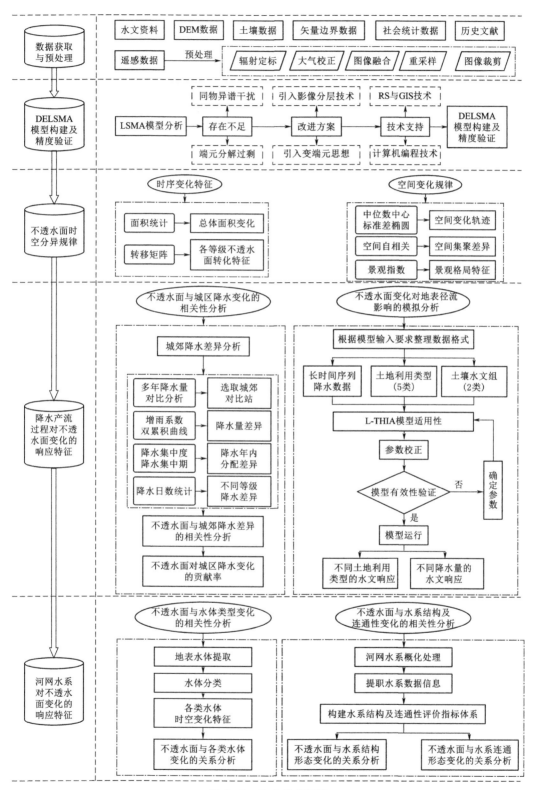

图 1-1 论文技术路线

的问题，引入影像分层技术和变端元思想，净化纯净像元选取环境、提高端元集构成的合理性，提出 DELSMA 模型，并对模型精度进行了定量验证；第三部分利用 ArcGIS 强大的空间统计分析功能，结合相关空间计量方法，对不透水面的时序变化特征和空间变化规律进行分析，揭示研究区不透水面的时空分异规律和演变过程；第四部分借助数学模型与城市水文模型，开展降水产流过程对不透水面变化的响应特征研究；第五部分以 RS、GIS 技术为支撑，借助空间统计分析与数学模型相结合的方法，开展河网水系对不透水面变化的响应特征研究。

第2章 研究区概况与数据

2.1 研 究 区 概 况

2.1.1 范围界定

郑州是河南省省会,辖区面积7446km²,共管辖6区5市1县,分别为惠济区、金水区、管城区、二七区、中原区、上街区、新郑市、新密市、登封市、巩义市、荥阳市、中牟县,其中上街区虽属郑州市辖区,但是以飞地形式位于荥阳市内,地理上不与其他市辖区相连。本书选取郑州市主城区作为研究区,并以其作为快速城市化的典型代表,对城市不透水面的时空变化特征及其对城市水文环境的影响进行研究。研究区地处河南省中部偏北,郑州市北部,北依黄河,南邻新密市与新郑市,西靠荥阳市,东接中牟县,地理坐标介于34°36′~34°59′N,113°26′~113°52′E之间,研究区范围包括惠济区、金水区、管城区、二七区、中原区五个市辖区,研究区面积1016km²。研究区范围如图2-1所示。

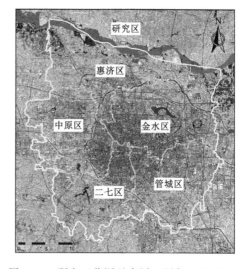

图2-1 研究区范围示意图(研究区边界及由7、5、3波段组成的Landsat 8假彩色遥感影像)

2.1.2 河网水系

郑州市地处黄淮两流域交界处,研究区内黄河流域面积约69km²,占比6.79%,主要水系为黄河,黄河为过境河流,属于城市外河;淮河流域面积约947km²,占比93.21%,主要水系为贾鲁河及其支流,属于城市内河。行政辖区范围来看,除惠济区北部少部分及金水区东北角一小部分属于黄河流域外,其余行政辖区均属淮河流域,如图2-2所示。

研究区现状水系格局内的水体由城市河流、湖泊、坑塘、水库等构建而成,概括起来主要为"六纵四横河渠、四湖泊一湿地、二中四小水库"。其中,"六纵"指索须河、金水河、熊耳河、七里河及其支流十八里河和支流十七里河、潮河,"四横"指贾鲁河、魏河、东风渠、南水北调中线总干渠,"六纵四横河渠"组成以贾鲁河为主轴线的城市河网;"四湖泊"指西流湖、北龙湖、如意湖、龙子湖,"一湿地"指郑州黄河湿地,"四湖泊一湿地"点缀在河网之间,形成巨大水面,作为城市的生态依托;"二中"指常庄、尖岗两座

15

中型水库，"四小"指郭家嘴、刘湾、小魏庄、曹古寺水库，"二中四小水库"为城市防洪蓄水提供安全保障。"六纵四横河渠""四湖泊一湿地"与"二中四小水库"共同组成郑州市主城区的生态水系河网格局，如图 2-3 所示。

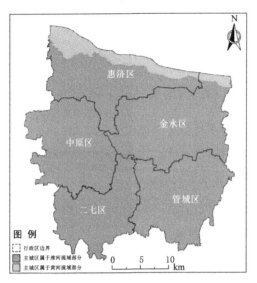

图 2-2　研究区在黄淮两流域中的分布比例

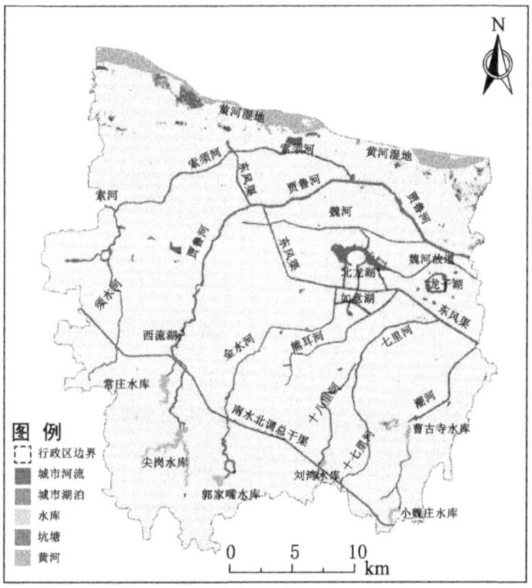

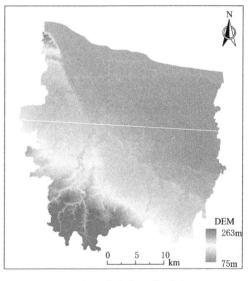

图 2-3　研究区河网水系图

2.1.3　地形地貌

郑州地处中国地理中心，陇海铁路与京广铁路在此交汇，使其成为中国东西、南北大动脉的纽带，交通区位优势显著。研究区地形以平原为主，约占土地总面积的94.25%，其他地形包括丘陵和山地，主要分布在西南部的二七区境内。地势西南高、东北低，平均坡度 3.68%，最低海拔 75m，最高海拔 263m，平均海拔高度 112m，如图2-4 所示。

2.1.4　气候条件

郑州是典型的内陆平原城市，位于暖温带亚湿润季风气候区，雨热同期、干冷同季。多年年平均气温 15.3℃，随着城市化水平的提高，年平均气温呈增加趋势，2019 年年平均气温高于 1990 年 2.2℃，如图 2-5（a）所示；各月份来看，7 月最热，平均气温27.9℃；1 月最冷，平均气温 0.8℃，如图 2-5（b）所示；全年降水量在 353.2～953.9mm，多年年平均降水量 634.5mm，如图 2-5（a）所示；汛期（6—9 月）年平均降水量 419.9mm，占全年降水量的 66.18%，如图 2-5（b）所示；年平均日照时间约1886h；年平均风速 2.02m/s，全年主导风向为东北风，夏季主导风向为东南风，降水水

图 2-4　研究区数字高程模型图（DEM）

汽来源主要借助于夏季季风。

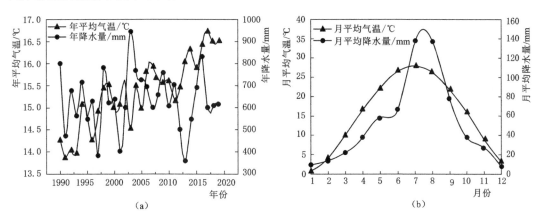

(a)   (b)

数据来源：中国气象数据网。

图 2-5 研究区气候概况

2.1.5 社会经济

郑州作为中国与欧洲国家"一带一路"倡议的重要节点城市，有着较好的社会经济基础。近 30 年来，在区位优势与政策支持作用下，郑州产生巨大的虹吸效应，人口与经济经历了前所未有的快速发展。郑州市常住人口由 1990 年的 558 万人增加到 2018 年的 1014 万人，地区生产总值（GDP）由 1990 年的 116 亿元增加到 2018 年的 10670 亿元，人均生产总值由 1990 年的 2158 元增加到 2018 年的 106612 元。截至 2018 年年末，郑州市行政区面积仅占河南省土地总面积的 4.64%，但常住人口占全省的 9.29%，GDP 占全省的 22.20%，如图 2-6 所示。作为研究区的郑州市主城区，相比郑州市下辖的其他县市，城市化程度最高，市政设施齐全，商业发达，区域增长极效应明显。主城区面积仅占郑州市全域面积的 13.64%，常住人口却占到全市的 51.58%，人口的集聚催生了产业发展的多元化，有力推动经济的快速发展，经济总量持续领先于其他县市。

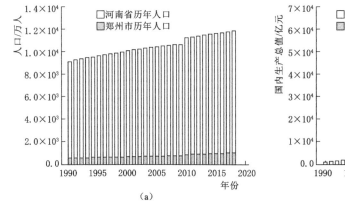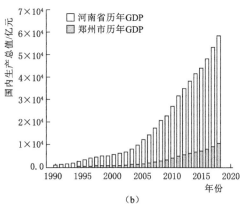

(a)   (b)

数据来源：郑州市统计局网站，河南省统计年鉴。

图 2-6 研究区社会经济概况

2.2　数　据　来　源

2.2.1　遥感数据

在长时序、大范围土地利用/覆被变化监测与地表温度反演等城市生态环境研究中，中等分辨率的 Landsat 陆地卫星遥感影像因其空间分辨率适中、覆盖范围广、历史数据丰富、易获取等优点成为重要的数据源。Landsat 卫星目前共发射 8 颗，按照发射时间顺序命名为 Landsat 1～Landsat 8，其中 Landsat 6 发射失败，Landsat 1～Landsat 4 服役时间短、存档数据少。在实际应用研究中，Landsat 5、Landsat 7、Landsat 8 卫星影像应用最为广泛。Landsat 5 卫星发行于 1984 年 3 月 1 日，2013 年 6 月退役，其传感器为 TM，包含 7 个波段；Landsat 7 卫星发射于 1999 年 4 月 15 日，正常运行至今，但使用 2003 年 5 月 31 日之后获取的图像需要先进行条带修复，其传感器为 ETM＋，包含 8 个波段，波段 1～7 与 TM 传感器相同，第 8 波段为增加的全色波段；Landsat 8 卫星发射于 2013 年 2 月 11 日，正常运行至今，其传感器为 OLI/TIRS，包含 11 个波段，包含了 ETM＋传感器所有的波段，增加了气溶胶波段和卷云波段，另外，热红外波段增加为 2 个，但空间分辨率较 ETM＋传感器有所降低。Landsat 卫星影像的波段数据包含了不同的地物光谱信息，可通过不同的遥感分类算法处理得到满足不同需求的遥感产品，随着传感器硬件的升级，相应的影像质量也得到提高，Landsat 5/Landsat 7/Landsat 8 卫星影像详细参数对比见表 2-1。本书所使用遥感影像下载于美国地质勘探局（United States Geological Survey，简称 USGS）官网，影像的详细信息见表 2-2。Google Earth 作为一款虚拟地球软件，地图数据由多种高清卫星影像及飞机航拍影像等经处理后拼接而成，并支持查看历史影像数据，本书使用与研究期同期的 Google Earth 高清影像作为标准数据，用以获取样本区不透水面百分比的地面真实值。

表 2-1　　　　　　　　Landsat 5/Landsat 7/Landsat 8 影像主要参数对比

Landsat5/Landsat7					
传感器	波段号	波段	波长 /μm	空间分辨率 /m	辐射分辨率 /bit
TM/ETM＋	1	蓝	0.45～0.52	30	8
	2	绿	0.52～0.60	30	8
	3	红	0.63～0.69	30	8
	4	近红外	0.77～0.90	30	8
	5	中红外 1	1.55～1.75	30	8
	7	中红外 2	2.08～2.35	30	8
	8	全色（ETM＋）	0.52～0.90	15	8
	6	热红外	10.40～12.50	120（TM） 60（ETM＋）	8

Landsat8					
传感器	波段号	波段	波长 /μm	空间分辨率 /m	辐射分辨率 /bit
OLI	1	气溶胶	0.43～0.45	30	12
	2	蓝	0.45～0.51	30	12
	3	绿	0.53～0.59	30	12
	4	红	0.64～0.67	30	12
	5	近红外	0.85～0.88	30	12
	6	中红外1	1.57～1.65	30	12
	7	中红外2	2.11～2.29	30	12
	8	全色	0.50～0.68	15	12
	9	卷云	1.36～1.38	30	12
TIRS	10	热红外1	10.60～11.19	100	12
	11	热红外2	11.50～12.51	100	12

表 2-2   **本研究选用的遥感数据信息表**

序号	行列号	卫星	传感器	影像 ID	获取日期/(年-月-日)	获取时间（GMT）
1	124/36	Landsat 5	TM	LT51240361990188BJC00	1990-07-07	02：21：25
2	124/36	Landsat 5	TM	LT51240361995186BJC00	1995-07-05	02：06：35
3	124/36	Landsat 7	ETM+	LE71240362000240SGS00	2000-08-27	02：52：01
4	124/36	Landsat 7	ETM+	LE71240362005173PFS00	2005-06-22	02：50：42
5	124/36	Landsat 7	ETM+	LE71240362010139EDC00	2010-05-19	02：53：23
6	124/36	Landsat 8	OLI/TIRS	LC81240362015257LGN00	2015-09-14	03：01：12
7	124/36	Landsat 8	OLI/TIRS	LC81240362019188LGN00	2019-07-07	03：01：13

2.2.2 土壤数据

研究区土壤数据由河南省1：100万的土壤栅格数据裁剪制作而成，数据来源于中国科学院南京土壤研究所，研究区土壤类型如图2-7所示。

2.2.3 水文数据

水文数据包括郑州气象站逐日降水量数据，资料来源于中国气象数据网；大吴雨量站逐日降水量数据，资料来源于河南省水文年鉴；郑州市主城区年径流深监测数据，资料来源于郑州市水资源公报。

2.2.4 其他数据

其他数据包括研究区矢量边界数据和社会统计数据，矢量边界数据主要有全国、河南省、郑州市（市、县、乡三级）行政区划矢量边界；社会统计数据主要有河南省统计年鉴、郑州市统计年鉴、郑州市国民经济和社会发展统计公报等辅助研究数据。

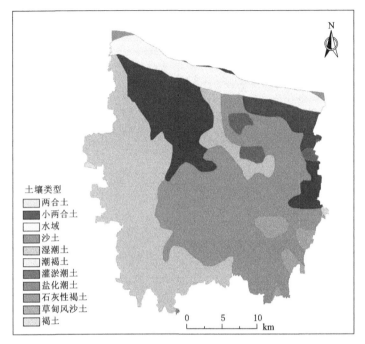

土壤类型
- 两合土
- 小两合土
- 水域
- 沙土
- 湿潮土
- 潮褐土
- 灌淤潮土
- 盐化潮土
- 石灰性褐土
- 草甸风沙土
- 褐土

图 2-7　研究区土壤类型

2.3　遥感数据预处理

遥感数据预处理是进行地物信息遥感反演前的必要步骤，用以消除传感器及大气影响等带来的负面影响，提高专题信息反演结果的精度和可靠性。

2.3.1　条带修复

本书使用的 2005 年、2010 年两期 Landsat 7 卫星传感器的 ETM＋影像存在数据条带缺失，因此使用前需先对其进行条带修复。已有学者研究证明尽管由于 Landsat 7 ETM＋机载扫描行校正器（SLC）的损坏使图像数据部分丢失，但经更改处理算法后，约86.2%的点可以作为有数据的点，且这些数据的辐射精度和几何精度几乎没有受到 SLC 故障的任何影响，均可保持故障之前正常运行时的状态。另外，除 SLC 损坏外其他器件性能依然完好，主扫描镜也正常工作，具有正常提供有用图像数据的能力。许多学者开展了条带受损修复研究，主要方法有 ENVI 插件法和 ArcGIS 插值法，本书采用基于 IDL 编写的 ENVI 插件工具 landsat_gapfill.sav 进行条带修复工作，经该工具修复的 Landsat ETM＋影像不会丢失头文件信息，可正常进行后续的辐射定标、大气校正等操作，影像条带修复前后效果对比，如图 2-8 所示。

2.3.2　辐射定标

辐射定标是将传感器记录的数字量化值（DN）转换为绝对辐射亮度值（辐射率）、地表（表观）反射率、表面（表观）温度等物理量的过程，是遥感信息解译的基础步骤。本书基于 Landsat 多光谱影像自带的增益和偏移参数，利用 ENVI 5.3.1 中的辐射定标模块（radiometric calibration）对多光谱波段进行辐射定标，消除传感器本身误差，确定传感

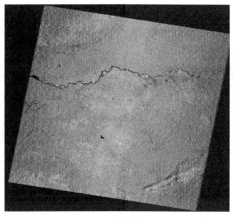 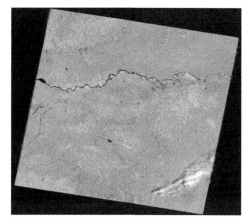

（a）修复前　　　　　　　　　　　　　（b）修复后

图 2-8　条带修复前后的影像

器入口处的准确辐射亮度值，为大气校正提供基础数据。辐射定标前后植被的辐射亮度值数值范围变化如图 2-9 所示，可以看出定标后的数值主要集中在 0～10 范围内，单位是 $\mu W/(cm^2 \cdot sr \cdot nm)$。

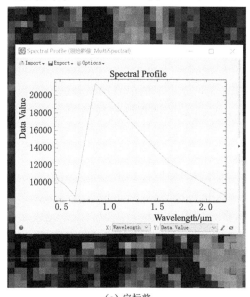 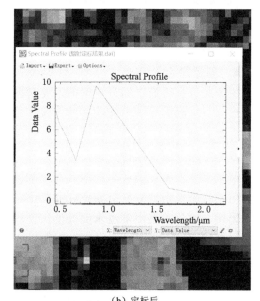

（a）定标前　　　　　　　　　　　　　（b）定标后

图 2-9　辐射定标前后植被的辐射亮度值数值范围

2.3.3　大气校正

大气校正是消除大气和光照等因素对地物反射的影响，得到地表真实反射率的过程，其结果就是地表反射率。本书基于辐射定标结果，利用 ENVI 5.3.1 中的 FLASH 大气校正模块（FLASH Atmospheric Correction）对多光谱波段进行大气校正，该过程能够自动读取影像元数据文件中的相关参数，具有操作简单、算法精度高的特点。通过大气校正可以有效地去除云和气溶胶等对数据的影响，结果可用于光谱特征分析。大气校正前后植被的波普曲线变化如图 2-10 所示，比较原始影像与大气校正后影像可以看出，大气校正后的植被波谱曲线更加接近真实植被波谱。

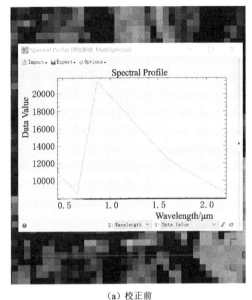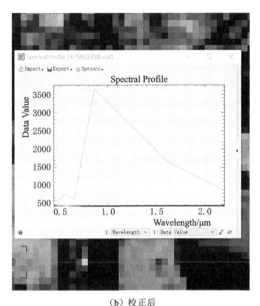

（a）校正前　　　　　　　　　　　　　　　　（b）校正后

图 2-10　大气校正前后植被的波谱曲线

2.3.4　图像融合

图像融合是将低空间分辨率的多光谱图像与高空间分辨率的单波段图像进行融合，生成一幅高分辨率多光谱图像的遥感图像处理技术，处理后的图像既有较高的空间分辨率，又具有多光谱特征。融合过程中会对低空间分辨率的多光谱影像进行采样处理，从而与全色图像的空间分辨率保持一致，采样过程的插值处理会导致多光谱图像的光谱信息和空间纹理信息部分丢失，进而影响融合图像的质量。不透水面提取采用的光谱混合分解模型主要利用的就是地物的空间分布特征和光谱特征，使用融合图像会对不透水面反演精度产生不利影响，因此本书中不透水面遥感反演仍采用多光谱图像，融合图像仅用于地表水体的提取。利用 ENVI 5.3.1 中的图像融合（Image sharpening）模块中的 NNDiffuse Pan Sharpening 工具对多光谱图像和全色图像进行融合操作，得到融合图像。图像融合效果如图 2-11 所示，30m 多光谱影像与 15m 全色影像融合为 15m 影像后，融合影像中地物空间纹理特征与光谱特征均优于原始影像。

2.3.5　图像裁剪

图像裁剪的目的是去除研究之外的区域。由于本书研究区仅位于一景遥感影像中，因此不涉及图像镶嵌，只需将研究区从整景影像中裁剪出来即可。该步骤可根据情况置于辐射定标、大气校正、图像融合步骤之前或之后均可，通常仅对裁剪后的图像进行以上处理，可提高处理效率。基于郑州市（市、县、乡三级）矢量数据，利用 ENVI 5.3.1 中的感兴趣区（Regions of interset）模块中的 Subset Data from ROIs 工具，在整景遥感影像中按需求裁剪出相应区域，裁剪结果如图 2-12 所示。

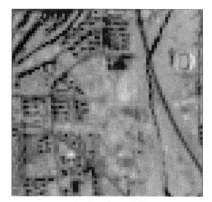

（a）30m多光谱影像

（b）15m全色影像

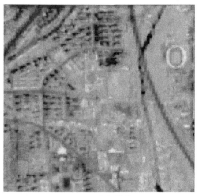

（c）15m融合影像

图 2-11　图像融合效果

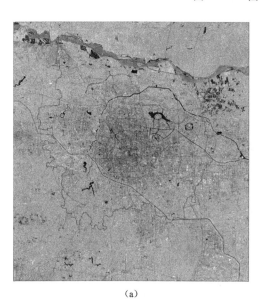

（a）

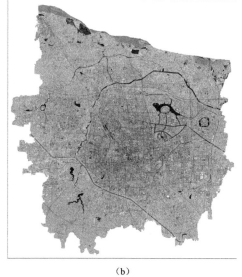

（b）

图 2-12　图像裁剪结果

第3章 DELSMA 模型构建及精度验证

不透水面信息（如不透水面百分比、空间分布等）能够有效地反映城市地表覆被变化，被广泛应用于城市化进程监测、城市热岛效应、城市水文效应等研究领域，而不透水面信息的遥感反演精度直接影响其在各领域应用的准确性与可信度，因此，如何提高不透水面反演精度已经成为当前研究的热点方向之一。本书在 LSMA 模型基础上，引入影像分层技术及变端元思想，提出一种基于影像分层的变端元线性光谱混合分解模型（dynamic endmember linear spectral mixture analysis，简称 DELSMA），并采用定性与定量评价相结合的方法对 DELSMA 模型的精度进行评估验证。

3.1 LSMA 模型基本理论

混合像元现象普遍存在于遥感影像中，尤其在中低分辨率遥感影像中更为明显。像元级的"硬分类"方法依据像元的综合光谱特征将每个像元指定为一种地物类型，不能真实反映每个像元内部的地物类型构成，分类精度在地物场景复杂的城市地区难以满足实际需求。光谱混合分解（spectral mixture analysis，简称 SMA）模型的引入有效解决了像元内部多种地物类型难以区分的难题，将遥感影像分类由像元级进一步细化到亚像元级。根据光子散射的复杂程度，SMA 可分为线性和非线性两种，如果每个光子只与像元内的单一地物类型相互作用，则认为光谱的混合是线性的，像元的光谱可以表示为各种地物类型的光谱与它们在像元内部比例乘积的线性总和。然而，如果散射光子与像元内的多种地物类型相互作用（如植被和裸土的多次散射），则认为光谱的混合是非线性的。非线性光谱混合和线性光谱混合是基于同一个概念，即线性光谱混合可以看作是非线性混合在多重散射被忽略的情况下的特例。尽管多重散射可能是显著的，但在大多数城市混合像元分解应用中都假设光子在不同地物类型之间的多重散射是可以忽略的。采用光谱混合概念建模处理遥感影像的目的是为了找到合适的端元光谱用以分解多光谱和高光谱数据，而 LSMA 模型是用于混合像元分解的理想模型，其具有理论科学、物理含义明确的优势。

LSMA 模型定义为像元在某一光谱波段的反射率是由构成像元的端元组分的反射率与其所占像元比例的线性组合，表达式如下：

$$R_b = \sum_{i=1}^{N} f_i R_{i,b} + e_b \qquad (3-1)$$

式中：R_b 为影像 b 波段在像元中的反射率；$R_{i,b}$ 为端元 i 在 b 波段的反射率；N 为端元数量；f_i 为端元 i 在像元中所占的比例；e_b 为标准残差。

为确保端元组分比例具有实际意义，求解 f_i 必须满足以下条件：

$$\sum_{i=1}^{N} f_i = 1, \ f_i \geqslant 0 \qquad (3-2)$$

模型拟合精度可由标准残差项 e_b 或 M 个波段的均方根误差 $RMSE$ 评价：

$$RMSE = \sqrt{\sum_{b=1}^{M} e_b^2 / M} \qquad (3-3)$$

式中：M 为影像中所选波段数量，是采用最小二乘法求解各端元所占像元的面积比例，要求 $M > N$。模型拟合精度取决于端元的选择，但两者又存在矛盾：更多端元可以解释更多的光谱变异性，提高模型拟合精度；但端元过多，将使模型对光谱本身的可变性更敏感，导致模型适用性变差。相关研究表明，对于 Landsat 影像数据一般选择 3～4 个端元即可有效分析城市地物的生物物理构成。

3.2　DELSMA 模型构建

LSMA 模型具有较好的理论基础和算法框架，加上遥感商用软件提供了实现线性光谱分解的实用工具，因此 LSMA 模型成为目前广为使用的不透水面遥感反演方法。但 LSMA 模型在地物场景复杂的城市地区应用中存在以下两点问题：①由于受自身状态或外在环境影响，同类地物之间存在同物异谱现象，如图 3-1 所示，但 LSMA 模型对同类地物之间光谱的空间差异性考虑不足，地物类内差异的存在易导致不透水面反演精度降低；②LSMA 模型对影像内全部像元均采用固定的四端元进行混合像元分解，而实际中不同的混合像元的端元组分不尽相同，如图 3-2 所示，对整个研究区采用不变的端元数目容易造成端元分解"过剩"，易导致不透水面在低值区高估、高值区低估。

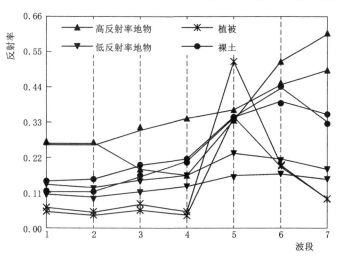

图 3-1　典型地类的端元光谱曲线（2019-07-07 影像）

针对 LSMA 模型在端元选取中存在的问题，本书引入特征提取思想，依据城市地物的生物物理构成特点，结合城市地物分布的空间聚集性特征，在传统 LSMA 模型的基础上提出了 DELSMA 模型。该模型引入表征生物物理组成的特征分量对影像分层，依据城市地物分布的聚集性特征确定各层端元数目与类型，提高目标地物的提取精度。DELS-

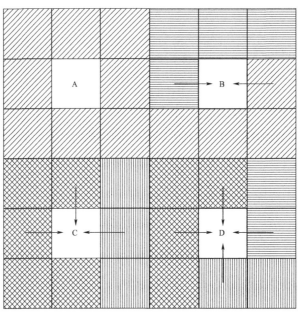

植被　　高反射率地物　　裸土　　低反射率地物

图 3-2　混合像元的端元组分构成类型

A—纯净像元；B—包含两种端元的混合像元；C—包含三种

端元的混合像元；D—包含四种端元的混合像元

MA 模型具体技术流程如图 3-3 所示。

3.2.1　影像分层

影像分层技术是针对各地物不同的信息特点，在混合像元分解中引入特征提取思想，通过选择合适的生物物理特征分量和分层分类算法进行复合处理，依据地物的空间聚集性特征进行专题信息提取，将原始影像进行层层分解，分层后各层内地物信息的提取环境比较纯净，可以在较大程度上避免传统分类方法因为同物异谱现象而导致的分类精度不高的现象。具体操作步骤包括特征分量提取、特征分量增强、阈值选取和确定分层规则。

1. 特征分量提取

地物因包含的生物物理组成成分不同而具有明显的光谱特征差异，这种差异是对影像进行分层的基础。生物物理组成指数（biophysical composition index，简称 BCI）是一个简单、高效、适用性强的城市生物物理特征分量，它增强了不透水面与裸土的可分性，并能有效分离不透水面与植被，对于 BCI 指数，不透水面与其值正相关且大于 0，植被与其值负相关且小于 0，裸土的灰度值接近于 0，可以将三种地物初步区分开。本书选取 BCI 指数作为描述城市地物生物物理组成的特征分量，计算公式为

$$BCI = \frac{(H+L)/2 - V}{(H+L)/2 + V} \qquad (3-4)$$

式中：H 为归一化 TC_1 分量；V 为归一化 TC_2 分量；L 为归一化 TC_3 分量。其中，TC_i（$i=1$，2，3）是缨帽变换的前三个分量。

BCI 指数计算前的预处理工作包含以下两个关键步骤：

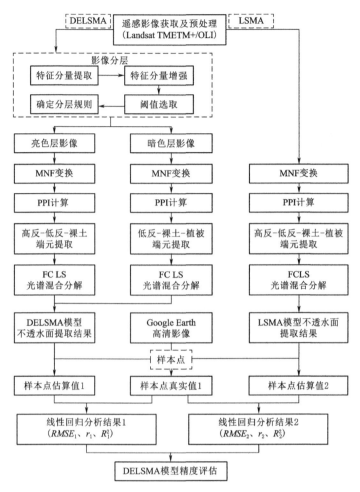

图 3 - 3　DELSMA 模型技术流程图

第一，水体掩膜。由于水体与低反射率地物光谱特征相似，为减少水体信息的干扰，采用 MNDWI 指数提取水体信息，通过水体指数构建掩膜文件去除影像中的水体。

第二，缨帽变换并做归一化处理。水体掩膜后对影像进行缨帽变换，获取 TC_1、TC_2、TC_3 三个分量，然后对各分量进行数据归一化处理，将分量值拉伸到 0～1。

2. 特征分量增强

BCI 指数能够将植被、不透水面和裸土三种地物初步区分开，但区分能力受限于原始 BCI 图像质量，采用图像处理技术可进一步提高 BCI 指数对不同地物的区分能力。本文采用图像变换技术对特征分量 BCI 指数进行增强处理，各地类之间的可分离性得到进一步提高。

在灰度图像中，亮度的高低实质上是由像元值大小决定的，通过一定的数学算法对图像进行变换，可以有效提高图像中亮色区域与暗色区域的可分离性。特征分量增强数学表达式如下：

$$BCI_{enh} = \rho \sqrt{BCI_{ori}} \qquad (3-5)$$

$$\rho = \frac{1}{\pi}\arctan\left[\lambda\pi(BCI_{ori} - \theta)\right] + 0.5 \qquad (3-6)$$

式中：BCI_{ori} 为归一化的原始特征分量，取值范围为 0~1；BCI_{enh} 为增强后的特征分量，取值范围为 0~1；ρ 为图像变换的转换系数，取值范围为 0~1；λ 为灵敏度因子，取值为 20；θ 为归一化的原始特征分量要增强的目标地物的平均值，取值为 0.5。

3. 阈值选取

阈值选取对影像分层是至关重要的，科学准确的阈值有利于不同地物特征的有效区分。最大类间方差法是由日本学者大津于 1979 年提出的，是一种自适应的阈值确定方法，又称为大津法，简称 OTSU。作为全局阈值分割的经典算法之一，该方法一直被认为是阈值自动选取方法中的最优方法，在图像分割中得到广泛应用。该方法的基本原理是在灰度图像中存在一个最优分割阈值 T，将图像分割为前景与背景两部分，使得不同类之间分离性最好。基本步骤是：首先基于直方图得到各分割灰度值的发生概率，并以阈值变量将分割灰度值分为两部分，然后求出每一组的类内方差及类间方差，选取使类间方差最大的 T 作为最佳阈值。具体算法如下：

设一幅图像的灰度值区间为 0~1，灰度值为 i 的像元数为 n_i，总像元数 N。阈值 T 将整幅图像分为两部分 C_0 和 C_1，C_0 灰度值范围为 0~1，C_1 灰度值范围为 0~1，C_0 出现的概率为 ω_0，其灰度平均值为 μ_0；C_1 出现的概率为 ω_1，其灰度平均值为 μ_1；各灰度值出现的概率为 p_i，整幅图像的灰度平均值为 μ，类间方差为 σ_T^2，最大类间方差记为 g，OTSU 法求阈值公式可表达为

$$g = \underset{0 < T < 1}{\mathrm{Max}}\sigma_T^2 = \omega_0(\mu_0 - \mu)^2 + \omega_1(\mu_1 - \mu)^2 \qquad (3-7)$$

其中 $\omega_0 = \sum\limits_{i=1}^{T}p_i$，$\omega_1 = \sum\limits_{i=T+1}^{m}p_i$，$\mu_0 = \sum\limits_{i=1}^{T}ip_i/\omega_0$，$\mu_1 = \sum\limits_{i=T+1}^{m}ip_i/\omega_1$，$\mu = \omega_0\mu_0 + \omega_1\mu_1$

令 T 在 0~1 变化，采用遍历算法求出每个 T 值对应的 σ_T^2，其中最大类间方差 g 对应的 T 为 OTSU 算法求取的最佳阈值。

4. 确定分层规则

依据地物的生物物理特征分量提取及增强结果，通过 OTSU 算法将原始影像分割为亮色层和暗色层两部分。增强后 BCI 特征分量有效提高了各层的区分性，因地物类型构成复杂，不透水面、裸土、植被在各层影像中地类构成各不相同。其中，亮色层以城市建成区为主，由于不透水材料的多样性，不透水面可分为高反射率地物和低反射率地物，裸土以较高反射率的建筑工地砂石为主，植被的影响可以忽略。暗色层裸土以自然地类为主，植被以林地和农田为主，同时含有少量低反射率不透水面。

3.2.2　端元提取

端元提取质量直接影响到混合像元分解精度，要获得理想的模型分解结果，必须综合考虑端元提取的途径与方法。目前，端元提取主要途径是直接从待分类影像上选择端元，然后不断对其修改、调整，最后确定端元。端元提取主要方法是像元纯度指数法（pixel pure index，简称 PPI），该方法在传统散点图端元提取法的基础上引入像元纯度指标。可以使像元分解时光谱端元的选取有一个基本的范围标准，将纯度较低的混合像元排除在

外，使得所选择的端元都是纯度较高的纯净像元；同时采用三维空间动态交互选择方法来寻找终端端元，可以改进传统二维模式中信息损失问题，提高了混合像元分解的精度。具体步骤如下。

1. 最小噪声分离

最小噪声分离（minimum noise fraction，简称 MNF）主要通过两次叠置的主成分变换确定波段特征值用以选择主要波段，从而分离数据中的噪声，实现数据降维、减少后处理中计算量的目的。第一次变换是利用主成分中的噪声协方差矩阵，分离和重新调节数据中的噪声，使变换后的噪声数据只有最小的方差且没有波段间的相关。第二次变换是对噪声白化数据进行主成分变换，将数据空间分为两部分：一部分是联合大特征值和相对应的特征图像；另一部分是近似相同的特征值与噪声图像。研究发现，通过 MNF 变换将信噪比最大的数据集中于前几个波段。由图 3-4 定性分析可知，MNF 影像中前 4 个波段图像

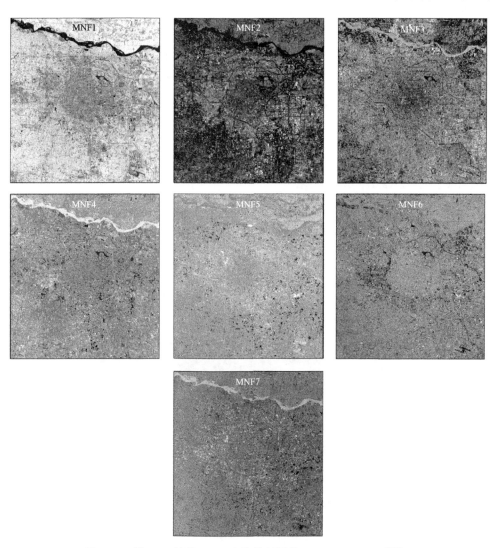

图 3-4　第 1～7 波段 MNF 变换特征图像（2019-07-07 影像）

质量清晰，包含地物信息丰富，后 3 个波段图像噪声较大，对地物分类贡献不大。由图 3-5 定量分析可知，MNF 影像随波段数量增加，特征值呈减小趋势，前 4 个波段特征值累积贡献率达 80%，故可选用 MNF 影像前 4 个波段提取纯净像元。

2. 获取纯净像元

应用像元纯度指数 PPI 可以在多光谱及高光谱图像中寻找并提取波谱最纯净的像元。通过 N 维散点图迭代映射作为一个随机单位向量，每次映射的极值像元（处于单位向量末端）被记录下来，并且每个像元被标记为极值的总次数也被记录下来，从而生成一幅"像元纯度图像"，在这幅图像上，每个像元的 DN 值表示像元被标记为极值的次数，因此像元值越大，表示这个像元的纯度越高。关键步骤如图 3-6、图 3-7 所示。

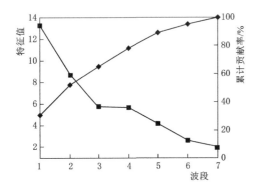

图 3-5 第 1～7 波段 MNF 变换特征值及累计贡献率变化曲线（2019-07-07 影像）

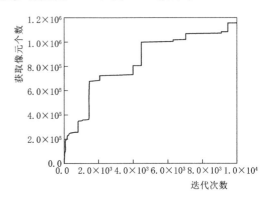

图 3-6 PPI 迭代过程曲线（2019-07-07 影像）

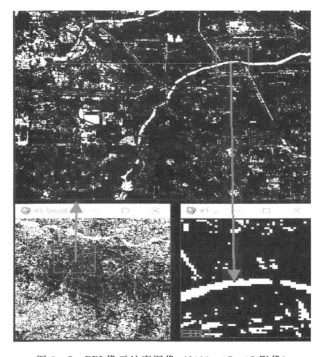

图 3-7 PPI 像元纯度图像（2019-07-07 影像）

3. 端元的三维动态选择

将 PPI 筛选后的纯净像元作为 MNF 影像前 4 个波段的感兴趣区在 ENVI n - D Visualizer 中生成三维散点图，旋转散点图并分别标记聚集在一起的散点云，各个散点云所对应的像元即为各端元的纯净像元，如图 3-8 所示。将选取的 4 个端元叠加到地表反射率影像上，即可生成各地类端元的地表反射率波普响应曲线。

3.2.3 不透水面提取

由于城市中的不透水面主要是人工建筑材料，既包括了玻璃、金属屋顶等高反射率地物，也包括了沥青路面等低反射率地物，因此不透水面的性质较为复杂，不能用一种端元直接表示。研究发现，城市不透水面信

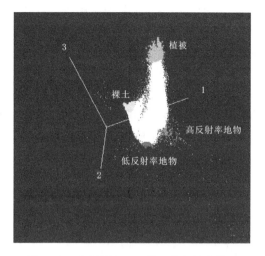

图 3-8　在 MNF 1-4 的三维空间中像元
的散点分布

息几乎是高反射率地物和低反射率地物分量的线性组合，因此，城市不透水面可以通过对高、低反射率地物分量求和来获得：

$$R_{\mathrm{imp},i} = f_{\mathrm{high}} R_{\mathrm{high},i} + f_{\mathrm{low}} R_{\mathrm{low},i} + e_b \qquad (3-8)$$

式中：$R_{\mathrm{imp},i}$、$R_{\mathrm{high},i}$ 和 $R_{\mathrm{low},i}$ 分别为不透水面、高反射率端元和低反射率端元在波段 i 上的反射率；f_{high} 和 f_{low} 分别为高反射率端元和低反射率端元在像元内所占的比例；e_b 为标准残差。

DELSMA 模型对原始影像做了分层处理，因此在计算最终不透水面覆盖度时需要先对亮色层影像和暗色层影像分别应用全约束最小二乘法（fully constrained least squares，简称 FCLS）进行线性混合像元分解，得到各地类端元覆盖度图像，然后通过波段运算将高、低反射率端元覆盖度图像进行类别合并，得到最终的不透水面覆盖度图像。

3.3　DELSMA 模型精度验证

DELSMA 模型的分解精度直接影响其在水环境、热环境、城市生态评价等领域应用的准确性与可信度，因而模型精度验证也是本书的重要研究内容。为了验证本书提出的 DELSMA 模型的有效性与可行性，选取郑州地区 Landsat 系列 TM 影像（1995 - 07 - 05）、ETM+影像（2010 - 05 - 19）、OLI 影像（2019 - 07 - 07）作为实验数据，分别使用 DELSMA 模型与传统 LSMA 模型提取不透水面信息，从定性与定量两方面进行实验结果比较和精度评估。

3.3.1 实验结果

传统 LSMA 模型对所有的像元均采用同一组端元集进行分解，忽略了像元间端元组分的差异，影响了混合像元的分解精度。DELSMA 模型特征提取思路，是采用特征分量

增强、影像分层等技术对原始影像进行处理，然后在获取的亮色层和暗色层影像内分别进行端元类型、数目和光谱的确定，构建符合地物生物物理组成特征的端元集，解决相似地物的类间混淆和地物类内差异带来的端元提取误差。具体实验过程效果如下所示。

1. 特征分量增强技术效果

在 ENVI 5.3.1 软件中利用式（3-4）～式（3-6）分别提取到 TM/ETM＋/OLI 影像的原始 BCI 和增强 BCI 灰度图像，同时统计灰度图像对应的直方图，结果如图 3-9、图 3-10、图 3-11 所示。

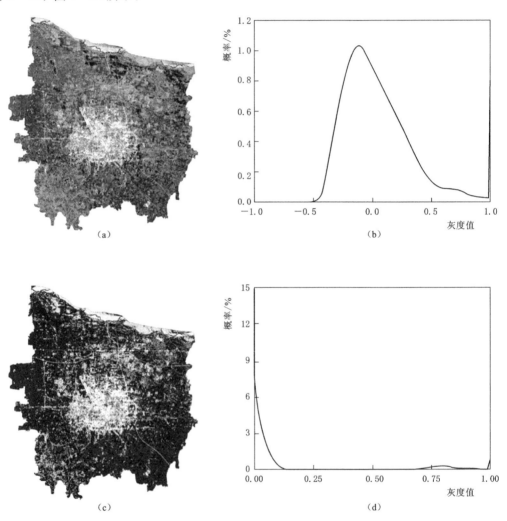

图 3-9　TM 影像的特征分量 BCI 增强变换

（a）、（b）原始 BCI 影像及所对应的直方图；（c）、（d）增强变换后的 BCI 影像及所对应的直方图

图 3-9 展示了基于 TM 影像的特征分量 BCI 增强变换结果，白色和亮灰色调的像元与不透水的表面相关，浅色和中度灰色调分配给裸露的土壤和混合土地，深灰色和黑色调分配给植被。比较图 3-9（a）和图 3-9（c）可以看出，经过图像增强变换处理后，原始 BCI 图像中较低亮度区域的亮度水平得到了有效压缩，同时提高了较高亮度区域的亮

度水平。图 3-9（b）和图 3-9（d）的直方图变化清楚地揭示了这种积极影响，像元灰度值直方图能够反映出像元亮度的集中度，经过增强变换处理后，直方图清晰地显示出较高和较低值之间明显的分离，这种变化有效地提高了 BCI 图像中不透水面与背景信息的可分离性。图 3-10 和图 3-11 分别展示了基于 ETM＋和 OLI 影像的特征分量 BCI 增强变换结果，且结果与图 3-9 特征一致。可以看出，代表不透水面的高亮度区域得到提高，而代表植被和裸土的低亮度区域得到抑制。

以上分析表明，特征分量增强技术在 TM、ETM＋和 OLI 影像中均取得了较好的应用效果，可以明显增强不透水面与植被、裸土在 BCI 图像中的可分离性。

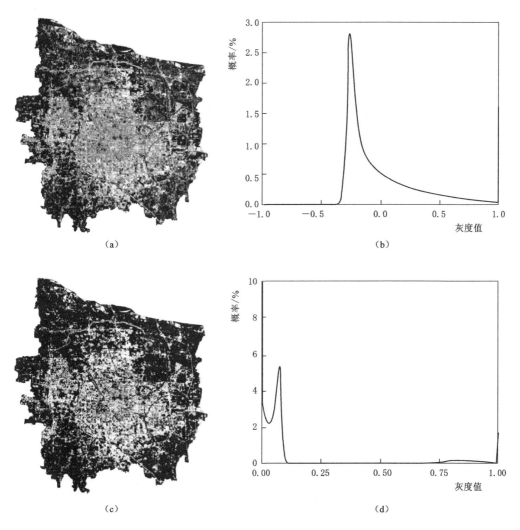

（a）

（b）

（c）

（d）

图 3-10　ETM＋影像的特征分量 BCI 增强变换
（a）、（b）原始 BCI 影像及所对应的直方图；（c）、（d）增强变换后的 BCI 影像及所对应的直方图

2. 影像分层技术效果

利用增强变换处理后的增强型 BCI，结合式（3-7）计算影像分层阈值，结果表明：

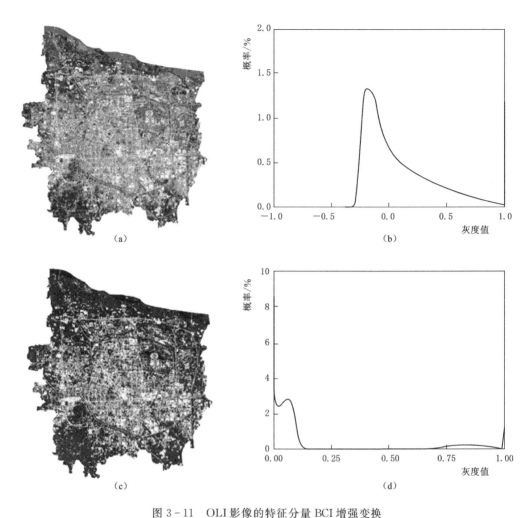

图 3 - 11　OLI 影像的特征分量 BCI 增强变换
（a）、（b）原始 BCI 影像及所对应的直方图；（c）、（d）增强变换后的 BCI 影像及所对应的直方图

TM 影像分层阈值为 0.4157，ETM＋影像分层阈值为 0.4353，OLI 影像分层阈值为 0.4470。影像分层结果如图 3 - 12 所示。

　　由图 3 - 12 可以看出，亮色层分量影像主要位于城市中心城区和新兴工业区，地物类型以道路、建筑物、停车场等高低反射率地物和建筑工地砂石土为主；暗色层影像主要位于城市郊区和农村居民点，地物类型以植被、休耕的自然地表以及部分低反射率的农村居民点为主。为了进一步定量评价影像分层效果，即亮色层影像中不应该有植被，暗色层影像中不应该有高反射率地物，利用同期高清影像作为对照组，分别在亮色层和暗色层影像中随机选择 100 个样本点用以验证分层精度，人机交互验证结果显示亮色层和暗色层影像中样本准确率均在 95％以上，满足下一步研究需求。定性和定量分析结果一致表明，影像分层技术在 TM、ETM＋和 OLI 影像中的应用效果均取得较高的精度，适用性较好。

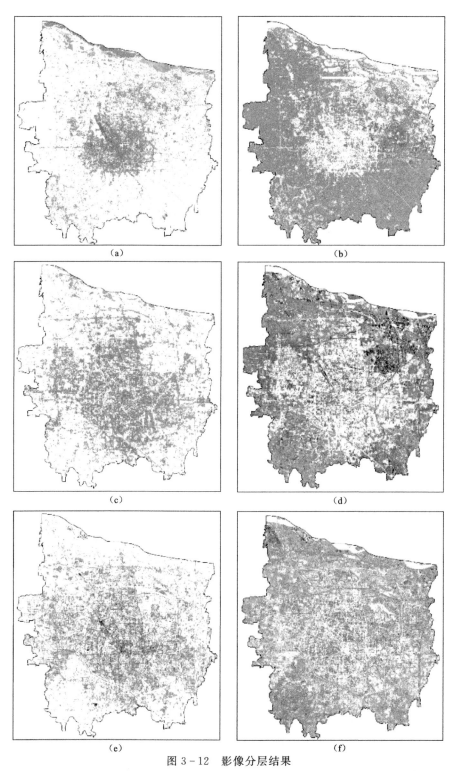

图 3-12　影像分层结果

(a)、(c)、(e) TM（RGB：5，2，1）、ETM＋（RGB：5，2，1）、OLI（RGB：6，3，2）的亮色层分量影像；
(b)、(d)、(f) TM（RGB：7，4，2）、ETM＋（RGB：7，4，2）、OLI（RGB：7，5，3）的暗色层分量影像

3. 不透水面提取效果

对于 DELSMA 模型，在影像分层的基础上，首先在各层内进行 MNF 变换、PPI 计算、端元选择，最终确定符合影像地物构成特征的端元集。依据影像分层确定的分层规则，在亮色层影像内选择高反射率、低反射率和裸土端元集，在暗色层影像内选择低反射率、裸土和植被端元集。然后对亮色层和暗色层影像分别采用 FCLS 方法进行混合像元分解，DELSMA 模型最终的不透水面覆盖度由亮色层的高、低反射率分量和暗色层的低反射率分量相加得到。对于 LSMA 模型，在 MNF 变换、PPI 计算、端元选择的基础上，选取高反射率、低反射率、裸土和植被端元集，然后对原始反射率影像采用 FCLS 方法进行混合像元分解，LSMA 模型最终的不透水面覆盖度由高、低反射率分量相加得到。基于 DELS-MA 和 LSMA 模型的 TM、ETM+ 和 OLI 影像的最终不透水面分量影像如图 3-13 所示。

如图 3-13 (a)、(c) 和 (e) 所示，DELSMA 模型提取到的不透水面主要元素包括密集的城市区域、小的农村居民点和主要的道路网络。结果表明，不透水面的空间分布与实际分布吻合较好，但部分农村裸地与不透水面混淆，可能是主要的误差来源。如图 3-13 (b)、(d) 和 (f) 所示，不透水面与裸地混淆比较严重，图像整体效果为浅、中度灰色调。通过对 DELSMA 和 LSMA 的分类图进行更细致的观察，可以发现它们的主要区别在于 LSMA 对亮区的低估和对暗区的高估。

目视检查表明 DELSMA 模型提取不透水面的效果较好，商业和住宅小区的不透水面百分比较高，农业、林业和湿地的不透水面百分比较低。总体而言，影像分层技术的应用降低了不透水面在城市地区被低估和农村地区被高估的误差，提高了不透水面估算的精度。

3.3.2　精度评估

合适的检验方法以及足够数量的子样本对于不透水面估算模型的定量精度评估非常重要。本书获得的不透水面覆盖度是分量值（百分比），而传统的基于单个像元值的检验方法显然不适用于不透水面覆盖度提取结果的精度评估。因此，本书采用对不透水面覆盖度的模型估算值与真实值进行残差分析和线性回归分析的方法，对 DELSMA 模型的有效性与适用性进行定量评价。均方根误差（root mean square error，RMSE）、相关系数（correlation coefficient，常用 r 表示）、拟合优度（goodness of fit，常用 R^2 表示）三个定量评价指标被用以对比分析，指标表达式如下所示：

$$RMSE = \sqrt{\frac{1}{N} \sum_{i=1}^{N} (y_i - x_i)^2} \qquad (3-9)$$

$$r = \frac{\sum_{i=1}^{N} (x_i - \overline{x})(y_i - \overline{y})}{\sqrt{\sum_{i=1}^{N} (x_i - \overline{x})^2 \sum_{i=1}^{N} (y_i - \overline{y})^2}} \qquad (3-10)$$

$$R^2 = \frac{\sum_{i=1}^{N} (y_i - \overline{x})^2}{\sum_{i=1}^{N} (x_i - \overline{x})^2} \qquad (3-11)$$

式中：x_i 为像元 i 中不透水面的地面真实值；y_i 为像元 i 中不透水面的模型估算值；$\overline{x}$

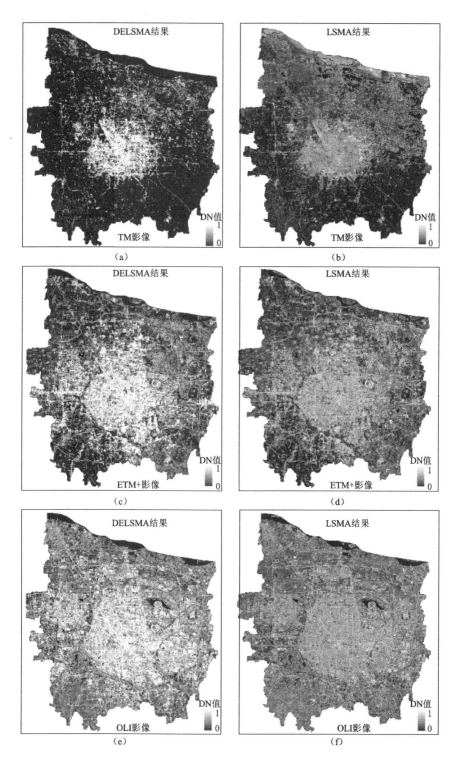

图 3-13　DELSMA 和 LSMA 模型提取不透水面分量
(a)、(c)、(e) 采用 DELSMA 模型提取的 TM、ETM+和 OLI 影像的不透水面分量；
(b)、(d)、(f) 采用 LSMA 模型提取的 TM、ETM+和 OLI 影像的不透水面分量

为地面真实值的平均值；$\overline{y}$ 为模型估算值的平均值；N 为样本数量。

利用同期的 Google Earth 高清影像提取不透水面百分比作为地面真实数据，对影像运用两种模型分解得到不透水面覆盖度分别进行精度验证。选择样本时遵循以下原则：①在研究区内均匀选样；②每个样本点为 3×3（90m×90m）像元窗口，以减小影像配准误差对精度检验的影响。具体步骤如下：在研究区内随机均匀选择 100 个样本区，提取 Landsat TM/ETM＋/OLI 影像上样本区内像元的平均值，即样本区不透水面覆盖度的估算值；同时提取高清影像上样本区内的不透水面积，再除以样本区面积得到不透水面百分比，即样本区不透水面覆盖度的真实值。重复以上步骤得到图像中 100 个样本区不透水面覆盖度的估算值与真实值，最后通过计算估算值与真实值的均方根误差（RMSE），相关系数（r）及拟合优度（R^2），对两种模型的不透水面覆盖度提取精度进行验证分析。

1. 误差分析

两种模型提取的不透水面的样本误差检验结果如图 3－14 所示。

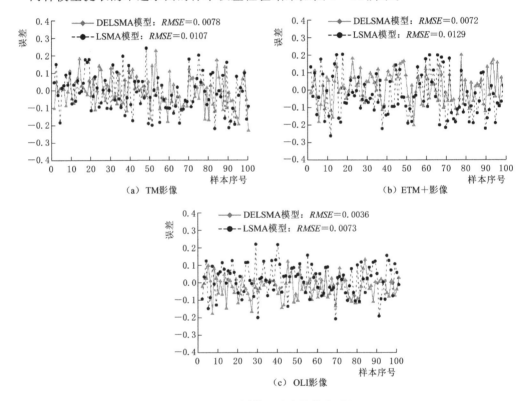

图 3－14　不同模型对应的样本误差

由图 3－14 可知，在 TM、ETM＋、OLI 影像中，DELSMA 模型的误差范围分别是 −0.2376 ～ 0.2215、−0.2083 ～ 0.1965、−0.1861 ～ 0.1463，均方根误差（RMSE）分别为 0.0078、0.0072、0.0036，绝对误差小于 0.1 的样本比例超过 80%，几乎没有样本的误差超过 0.2；而 LSMA 模型的误差分别是 −0.2269 ～ 0.2373、−0.2691 ～ 0.1998、−0.2162 ～ 0.2134，均方根误差（RMSE）分别为 0.0107、0.0129、0.0073，

绝对误差小于 0.1 的样本比例约为 70%。误差超过 0.2 的样本约 10%。整体来讲，在
Landsat 系列 TM/ETM＋/OLI 影像中，①DELSMA 模型提取的不透水面覆盖度误差均
低于 LSMA 模型；②TM 和 ETM＋影像的误差相近且明显高于 OLI 影像的误差。

2. 线性回归分析

为进一步对比 DELSMA 和 LSMA 模型提取的城市不透水面与真实不透水面比例之
间的定量关系，将估算值与真实值制作成二维散点图并进行线性回归分析，结果如图
3－15 所示。

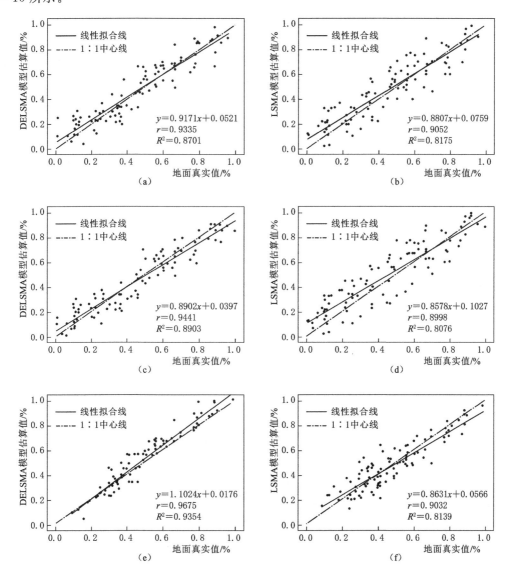

图 3－15　不同模型反演结果与真实值之间的验证结果
(a)、(c)、(e) TM、ETM＋、OLI 影像 DELSMA 模型结果验证；
(b)、(d)、(f) TM、ETM＋、OLI 影像 LSMA 模结果验证

由图 3-15 可知，在 TM、ETM＋、OLI 影像中，两种模型获取的估算值与真实值之间的散点图均匀分布在 1∶1 中心线两侧，两者的相关系数（r）均接近或大于 0.9，表现出较高的相关性。对 3 种影像的相关系数统计分析发现，DELSMA 模型反演得到的不透水面估算值与地面真实值的相关系数（r）分别高出 LSMA 模型 3.13%（TM）、4.92%（ETM＋）、7.12%（OLI），平均精度提高 5.06%。同时，两种模型获取的估算值与真实值之间拟合线与 1∶1 中心线位置较为接近，且线性拟合结果的拟合优度（R^2）也均在 0.8 以上，表明二者具有较强的线性关系。以上两个指标说明两种模型都取得可信的精度。但 DELSMA 模型获取的估算值与真实值得相关系数（r）和拟合优度（R^2）均大于 LSMA 模型，且 TM/ETM＋影像的相关系数（r）和拟合优度（R^2）相近且均低于 OLI 影像。说明 DELSMA 模型的估算值与真实值的相关性更为显著，反演结果精度更高。

3.4 本 章 小 结

本章首先阐述了 LSMA 模型的基本原理，然后针对传统 LSMA 模型存在的同物异谱干扰和端元分解过剩的问题，提出基于影像分层的 DELSMA 模型，最后对模型的适用性和精度进行了定性定量评价，主要结果与结论如下：

（1）传统 LSMA 模型因具备较好的理论基础、算法框架以及简便的操作性等优点，在城市不透水面反演中得到广泛应用。但传统 LSMA 模型在端元提取过程中存在同物异谱干扰和端元分解过剩的问题，不透水面估算精度仍存在可提高空间。

（2）DELSMA 模型将地物空间信息引入光谱混合分解过程，具有兼顾地物光谱信息与空间特征的优点，影像分层技术的引入净化了纯净端元的提取环境，降低了同物异谱现象对端元选取的干扰，弥补了传统 LSMA 模型在端元选取过程中只考虑不同地物之间光谱信息差异，而忽略同类地物之间光谱空间差异的不足；变端元方法的引入提高了不同影像层中端元集构成的合理性，弥补了传统 LSMA 模型针对整幅影像采用固定四端元进行光谱分解而造成端元分解过剩的不足。

（3）城市不透水面反演模型的精度直接影响到其应用的准确性与可信度，因此选取 Landsat 系列 TM、ETM＋和 OLI 影像作为实验数据，采用定性与定量评价相结合的方法对 DELSMA 模型的精度进行评估。精度验证结果表明 DELSMA 模型的不透水面反演精度高出传统 LSMA 模型约 5 个百分点，说明 DELSMA 模型在 Landsat 系列影像中具备较好的适用性和应用性，可以用来提取较高精度的长时间序列城市不透水面信息，为城市扩张监测及城市生态环境效应评价等研究提供基础数据支撑。

第4章 不透水面时空分异规律

亚像元级别的不透水面提取，即提取不透水面覆盖度，可以解决混合像元问题，更细致地了解不透水面的增长变化。采用第3章提出的 DELSMA 模型反演得到多时相不透水面覆盖度结果，如图4-1所示。在此基础上，从时序变化和空间变化两方面揭示郑州市不透水面时空分异规律，以剖析城市内部不透水面的转移特征和景观格局演变过程。

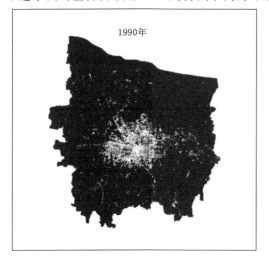
1990年

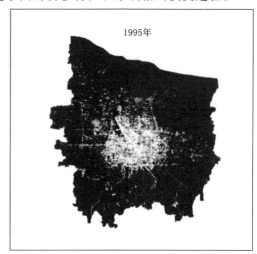
1995年

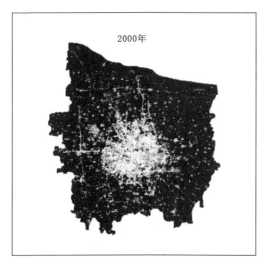
2000年

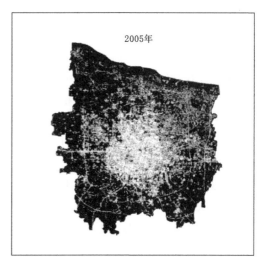
2005年

图4-1（一） 1990—2019年主城区不透水面分布图

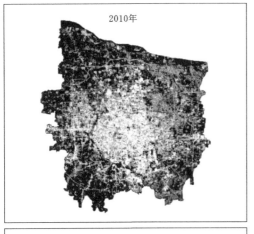
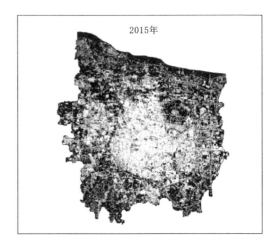

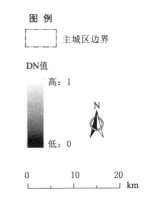

图 4-1（二）　1990—2019 年主城区不透水面分布图

4.1　不透水面时序变化特征分析

为反映不透水面在年际间的变化规律，本书从不透水面总面积和各等级不透水面面积变化两个层次展开定量分析，揭示不透水面时序变化特征，并探讨其成因。

4.1.1　不透水面总面积变化特征

单个像元内不透水面覆盖度（ISP）与像元面积乘积表示不透水面面积（impervious surface area，简称 ISA）。本书采用不透水面面积、不透水面面积占行政区总面积比例、不透水面年均增加面积、不透水面面积年均增长率 4 项指标，从区域尺度（主城区）和子区域尺度（各行政区）两个层次水平上对不透水面的时序变化规律进行分析。

1. 主城区整体不透水面扩张变化

由图 4-2（a）可知，1990—2019 年间郑州市主城区不透水面总面积从 71.29km^2 增加到 523.34km^2，共增加 452.05km^2，增加趋势明显。历年不透水面总面积占主城区土地总面积的比例分别为 7.01%（1990 年），11.38%（1995 年）、17.28%（2000 年）、28.47%（2005 年）、37.67%（2010 年）、43.37%（2015 年）、51.49%（2019 年），研究

期末不透水面比例是初期的 7 倍，表明郑州市主城区不透水面近 30 年经历了快速扩张的过程。

由图 4 - 2（b）可知，年均增加面积呈 N 形波动增加趋势，1990—2019 年不透水面平均增量为 15.59km²/a，其中 2000—2005 年、2005—2010 年、2015—2019 年年均增加面积均高于研究期平均增量，分别为 22.74km²/a、18.72km²/a 和 20.64km²/a，而 1990—1995 年、1995—2000 年、2010—2015 年年均增加面积均低于研究期平均增量，分别为 8.88km²/a、11.99km²/a 和 11.57km²/a，说明郑州市主城区在进入 21 世纪后扩张较快，不透水面年均增量较 20 世纪末得到较大提高，但随着城市可用土地的减少，年均增量有减少趋势。年均增长率呈 W 形波动减小趋势，1990—2019 年年均增长率平均增量为 7.12％，其中最高值为 2000—2005 年的 10.50％，与年均增加面积最大增量时期一致，说明此时期为郑州市主城区不透水面增量和增速最快的阶段。相比之下，2005—2010 年、2010—2015 年、2015—2019 年年均增长率减小趋势明显，分别仅为 5.77％、2.85％ 和 4.39％，说明在经历大挖大建的快速发展阶段后，郑州市主城区不透水面增速减缓。

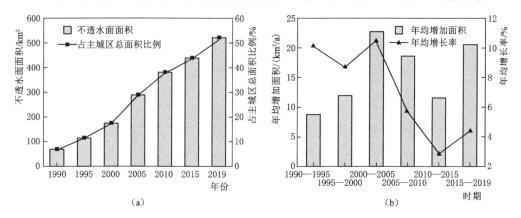

图 4 - 2　1990—2019 年主城区整体不透水面变化时序规律

2. 不同行政区不透水面扩张差异

由图 4 - 3（a）可知，1990—2019 年各个行政区的不透水面面积均呈持续增加的趋势。其中金水区增加 110.93km²，管城区增加 100.91km²，中原区增加 91.23km²，惠济区增加 83.55km²，二七区增加 65.44km²。金水区是河南省委、省军区和大部分省直单位所在地，公共设施与科教文卫用地需求大，不透水面扩展速度较其他区更快，增量位居首位；管城区作为郑州市老城区，且是重要的技术开发区，工业园区发展迅速，增量位居第二；中原区是郑州市的政治、文化中心，且是河南省发展高新技术产业的核心区域，产业用地规模不断扩大，增量位居第三；惠济区北依黄河，有着重要的沿黄湿地生态保护区，主要以居住、旅游用地居多，增量位居第四；二七区辖区面积最小，区内建筑以传统商业区和居民区为主，且西南部林地与农业景观广布，城市扩张受限，增量最小。由于各行政区土地总面积不同，要探讨各行政区的扩张程度还需要根据各行政区不透水面比例进行分析。由图 4 - 3（b）可知，整体来看各个行政区的不透水面比例均明显增加，但各区发展不平衡。管城区、金水区、中原区、二七区受旧城改造、新区建设、工业园区与科技园区的发展影响，不透水面比例增幅明显，截至 2019 年，不透水面比例分别达到 57.50％、56.22％、53.46％、50.67％，城市化水平较高。惠济区不透水面比例为 5 个行政区中最低，为 39.75％。

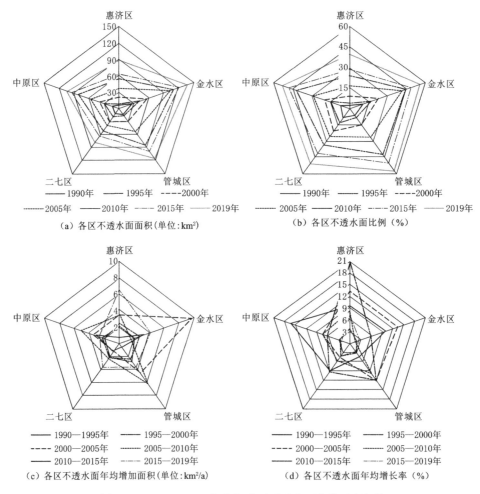

（a）各区不透水面面积（单位：km²）

（b）各区不透水面比例（％）

（c）各区不透水面年均增加面积（单位：km²/a）

（d）各区不透水面年均增长率（％）

图 4-3　1990—2019 年各行政区不透水面变化时序规律

　　由图 4-3（c）可知，各行政区的年均增长面积在不同时期差异较大。惠济区最大增量出现在 2015—2019 年，为 6.35km²/a，同时也是该时期各区年均增加面积最大的区；金水区最大增量出现在 2000—2005 年，为 9.61km²/a，同时也是该时期内各区年均增加面积最大的区；管城区最大增量出现在 2005—2010 年，为 6.29km²/a，同时也是该时期内各区年均增加面积最大的区。二七区和中原区最大增量分别出现在 2015—2019 年和 2005—2010 年，为 3.73km²/a 和 5.09km²/a，增量在同时期相比其他区较小。总体而言，金水区、惠济区、管城区不透水面年均增加面积增幅较大，二七区与中原区不透水面年均增加面积增幅较为稳定。由于各行政区基期年不透水面面积不同，要探讨各行政区不透水面的扩张速率还需要根据各行政区不同时期的年均增长率进行分析。由图 4-3（d）可知，惠济区不透水面年均增长率最快时期出现在 1995—2000 年，为 20.72％；金水区不透水面年均增长率最快时期出现在 2000—2005 年，为 13.43％；管城区在 1995—2000年、2000—2005 年两个时期不透水面年均增长率均较快，增幅在 12％；中原区不透水面年均增长率最快时期出现在 1990—1995 年，为 16.05％；二七区不透水面年均增长率增幅相对较慢，各个时期均没有超过 10％。各行政区的不透水面年均增加面积与年均增长率在各个时期变化均较大，这主要是由于各个时期城市发展方向与产业规划重点不同，对各个行政区不透水面扩张的推动作用差异性明显。

4.1.2 各等级不透水面面积变化特征

城市不透水面除表现出整体增加的趋势外，内部等级结构也由于旧城改造、城市绿化、城市功能完善等因素发生着变化，因此需从亚像元视角对不透水面内部的等级转化规律予以揭示，以期更为细致地刻画不透水面的变化过程。依据不透水面覆盖度（ISP）对城市水文循环演变的影响程度，将其划分为 6 个等级，分别为：自然地表（ISP＜10％）、极低覆盖度（10％≤ISP＜20％）、低覆盖度（20％≤ISP＜35％）、中覆盖度（35％≤ISP＜50％）、高覆盖度（50％≤ISP＜75％）、极高覆盖度（ISP≥75％）。首先对各等级不透水面变化趋势进行分析，并探讨其成因；然后通过转移矩阵定量分析城市不同发展时期各等级不透水面之间的相互转化特征。

1. 各等级不透水面变化趋势

由图 4 - 4 可知，各等级不透水面增减趋势明显，1990—2019 年，自然地表由937.64km² 减小到 129.62km²，极低覆盖度不透水面由 1.53km² 增加到 61.82km²，低覆盖度不透水面由 2.27km² 增加到 142km²，中覆盖度不透水面由 2.27km² 增加到169.53km²，高覆盖度不透水面由 5.85km² 增加到 267.58km²，极高覆盖度不透水面由67.06km² 增加到 246.07km²。自然地表呈持续减少趋势；极低覆盖度和极高覆盖度等级不透水面均呈倒 V 形波动增加趋势，拐点分别出现在 2010 年和 2015 年；低覆盖度、中

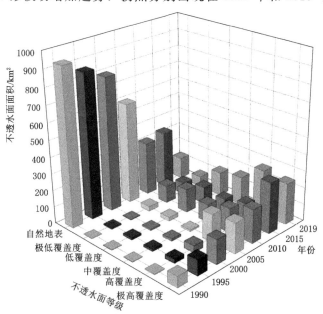

图 4 - 4　1990—2019 年主城区不透水面覆盖度等级变化总体特征

覆盖度和高覆盖度等级不透水面均呈 N 形波动增加趋势，但增减拐点不同，低覆盖度和中覆盖度等级不透水面的增减拐点为 2010 年和 2015 年，而高覆盖度等级不透水面的增减拐点出现在 2005 年和 2015 年。截至 2019 年，各等级不透水面所占比例排序由大到小分别为高覆盖度、极高覆盖度、中覆盖度、低覆盖度、自然地表、极低覆盖度。自然地表在 1990—2019 年减少了 86.18%，大幅地减少使得地表覆盖类型趋于单一化。1990—2000 年，各等级不透水面盖度增加幅度相对较小。其中，极低覆盖度等级、低覆盖度等级、中覆盖度等级的不透水面增减比例仅 1%，高覆盖等级不透水面增加 4%，极高覆盖度等级不透水面增加比例接近 10%。说明此阶段城市发展较为缓慢，且以城市核心区的高密度建设为主。2000—2010 年，极低、低、中、高覆盖等级不透水面增加显著，增幅均达 10% 以上，这是因为城市建设进入快速扩张时期，将林地、农田、水体及滩涂等自然地表快速地转变为不同功能的建设用地，致使不透水面覆盖度等级分布结构的差异性变化。2010—2019 年，以高覆盖等级不透水面增长为主，增加了 12.05%。主要是由于城市功能区和工业园区的建设逐渐完成，大量待建用地转换为建设用地，原先的自然地表和极低覆盖度等级不透水面转换为高覆盖度等级不透水面。

2. 各等级不透水面转化规律

以研究期内不透水面面积年均增长量 15.59km²/a 为阈值，将各等级不透水面扩张过程大致经历了 3 个时期：低速增长期（1990—2000 年），不透水面增长相对缓慢，年均增长量为 10.43km²/a；高速扩张期（2000—2010 年），城市大拆大建导致不透水面扩张现象明显，年均增长量达 20.73km²/a；稳定发展期（2010—2019 年），城市不透水面扩张的成熟期，城市建设规模与发展速度更加合理，不透水面年均增长量为 15.60km²/a。为揭示不同时期城市发展特征，采用转移矩阵法对 3 个时期各等级不透水面之间相互转化关系进行定量分析。转移矩阵来源于系统分析中对系统状态与状态转移的定量描述，该方法可全面而又具体地刻画不透水面覆盖度变化的结构特征与各等级不透水面覆盖度变化的方向。

为计算不透水面覆盖度的转移变化，首先将不同时期的不透水面覆盖度等级图进行空间叠加运算，得到不透水面覆盖度等级变化图，生成原始转移矩阵；然后根据原始转移矩阵求出不同时期不透水面覆盖度等级之间的相互转化率，得到不透水面覆盖度等级转移矩阵表。各步骤数学表达式如下：

$$C_{ij} = A_{ij} \times 10 + B_{ij} \quad (i < 10, \ j < 10) \tag{4-1}$$

$$O_{ij} = A_{ij} \times 100 / \sum_{j=1}^{n} A_{ij} \tag{4-2}$$

$$I_{ij} = B_{ij} \times 100 / \sum_{j=1}^{n} B_{ij} \tag{4-3}$$

式中：C_{ij} 为不透水面覆盖度等级变化图；A_{ij} 为前一期不透水面覆盖度影像；B_{ij} 为后一期不透水面覆盖度影像；i 和 j 分别为 A 时期和 B 时期不透水面覆盖度等级；O_{ij} 为 A 时期 i 等级不透水面覆盖度转换为 B 时期 j 等级不透水面覆盖度的比例，用以说明 A 时期的转出变化比例；I_{ij} 为 B 时期 j 等级不透水面覆盖度中由 A 时期的 i 等级不透水面覆盖度等级转化而来的比例，用以说明 B 时期的转入变化比例。

分析郑州市主城区 1990—2000 年、2000—2010 年、2010—2019 年 3 个时段的不透水面覆盖度等级转移矩阵表（表4-1、表4-2、表4-3），可以发现：

(1) 低速增长期（1990—2000年）的不透水面变化表现为低覆盖度、极低覆盖度及自然地表面积减小，中覆盖度、高覆盖度及极高覆盖度不透水面面积增加。自然地表转化为不透水面比例为16.28%，年均转化率仅为1.63%，城市发展相对缓慢。不透水面转移特征表现为各等级不透水面类型均向更高覆盖度不透水面类型转化，且主要转出方向是极高覆盖度不透水面，说明城市高密度建筑发展最为迅速。

(2) 高速扩张期（2000—2010年）的不透水面变化最为剧烈，这一时期的主要变化等级为中覆盖度不透水面。中覆盖度不透水面的转移主导着主城区的不透水面变化，说明大量具有中等密度不透水面的建设用地产生，这一阶段是主城区快速城市化过程中最为急剧的阶段，大量的居住小区、工业园区、城市道路被建设。中覆盖度不透水面与低覆盖度、高盖度不透水面的频繁转化，是快速城市化过程的典型特征，说明城市中心区的集聚效应显现，大型商业区和城市居住区开始形成规模，不透水面受城市快速扩张呈现"轴线延伸式"的发展格局。

(3) 稳定发展期（2010—2019年）的不透水面变化以高覆盖度类型变化为主，几乎所有的等级类型都与其有大比例的转入或转出。同时，极高覆盖度的不透水面类型增量相比高速扩张期（2000—2010年）减少14.71km^2，说明大挖大建的快速扩张时期已经结束，新的城市发展模式更加注重城市生态环境的保护，不透水面与绿色空间的布局比例更加合理。自然地表的转入比例明显高于转出比例，极高覆盖度增长幅度减缓，这是典型的快速城市化后调整过程。通过中高覆盖度不透水面向更高等级覆盖度不透水面的转入，以及向低等级覆盖度不透水面的转出，不透水面在空间上形成典型的"高—高"集聚、"低—低"集聚的空间特征。

表4-1　　　　　　　　1990—2000年主城区不透水面覆盖度等级转移矩阵

1990年	2000年					
	自然地表	极低覆盖度	低覆盖度	中覆盖度	高覆盖度	极高覆盖度
自然地表	788.38	2.77	8.06	12.09	33.45	96.92
转出变化比例/%	83.72	0.29	0.86	1.28	3.55	10.29
转入变化比例/%	97.71	95.84	94.85	93.14	87.81	65.91
极低覆盖度	0.81	0.02	0.03	0.06	0.12	0.21
转出变化比例/%	64.69	1.67	2.50	4.68	9.76	16.69
转入变化比例/%	0.10	0.72	0.37	0.45	0.32	0.14
低覆盖度	1.12	0.02	0.05	0.09	0.24	0.45
转出变化比例/%	56.88	0.93	2.45	4.81	12.09	22.85
转入变化比例/%	0.14	0.63	0.57	0.73	0.62	0.30
中覆盖度	0.94	0.01	0.04	0.08	0.29	0.61
转出变化比例/%	47.73	0.44	1.95	4.13	14.73	31.02
转入变化比例/%	0.12	0.30	0.45	0.63	0.77	0.42
高覆盖度	1.72	0.02	0.09	0.17	0.79	2.26

续表

1990 年	2000 年					
	自然地表	极低覆盖度	低覆盖度	中覆盖度	高覆盖度	极高覆盖度
转出变化比例/%	34.05	0.35	1.88	3.28	15.66	44.77
转入变化比例/%	0.21	0.62	1.11	1.27	2.07	1.53
极高覆盖度	13.90	0.05	0.23	0.49	3.21	46.60
转出变化比例/%	21.56	0.08	0.35	0.76	4.97	72.27
转入变化比例/%	1.72	1.89	2.66	3.78	8.41	31.69

表 4-2　　　　　2000—2010 年主城区不透水面覆盖度等级转移矩阵

2000 年	2010 年					
	自然地表	极低覆盖度	低覆盖度	中覆盖度	高覆盖度	极高覆盖度
自然地表	303.02	90.82	124.46	87.25	100.37	100.59
转出变化比例/%	37.57	11.26	15.43	10.82	12.44	12.47
转入变化比例/%	93.89	92.03	88.86	82.48	70.14	48.91
极低覆盖度	1.09	0.33	0.43	0.28	0.34	0.41
转出变化比例/%	37.77	11.47	14.92	9.86	11.80	14.18
转入变化比例/%	0.34	0.34	0.31	0.27	0.24	0.20
低覆盖度	3.23	0.90	1.20	0.87	0.99	1.30
转出变化比例/%	38.03	10.56	14.10	10.27	11.69	15.34
转入变化比例/%	1.00	0.91	0.86	0.83	0.69	0.63
中覆盖度	3.90	1.30	1.87	1.51	1.89	2.51
转出变化比例/%	30.03	10.01	14.41	11.64	14.58	19.32
转入变化比例/%	1.21	1.32	1.34	1.43	1.32	1.22
高覆盖度	5.32	2.33	4.60	4.88	9.06	11.89
转出变化比例/%	13.97	6.13	12.08	12.82	23.78	31.22
转入变化比例/%	1.65	2.37	3.29	4.62	6.33	5.78
极高覆盖度	6.18	3.01	7.49	10.99	30.43	88.95
转出变化比例/%	4.20	2.04	5.10	7.47	20.70	60.49
转入变化比例/%	1.91	3.04	5.35	10.38	21.27	43.25

表 4-3　　　　　2010—2019 年主城区不透水面覆盖度等级转移矩阵

2010 年	2019 年					
	自然地表	极低覆盖度	低覆盖度	中覆盖度	高覆盖度	极高覆盖度
自然地表	63.04	29.77	67.42	64.21	60.87	37.45
转出变化比例/%	19.53	9.22	20.89	19.90	18.86	11.60
转入变化比例/%	48.42	49.50	47.46	38.50	22.76	15.01
极低覆盖度	14.46	8.00	18.29	20.21	22.95	14.86

2010 年	2019 年					
	自然地表	极低覆盖度	低覆盖度	中覆盖度	高覆盖度	极高覆盖度
转出变化比例/%	14.64	8.10	18.51	20.46	23.24	15.05
转入变化比例/%	11.11	13.30	12.87	12.11	8.58	5.95
低覆盖度	18.68	9.55	22.97	28.28	36.75	23.89
转出变化比例/%	13.34	6.82	16.39	20.18	26.23	17.05
转入变化比例/%	14.35	15.88	16.17	16.95	13.74	9.57
中覆盖度	11.78	5.18	13.64	19.75	33.25	22.22
转出变化比例/%	11.13	4.90	12.89	18.66	31.42	20.99
转入变化比例/%	9.05	8.62	9.60	11.84	12.43	8.90
高覆盖度	11.88	4.27	11.10	20.08	54.96	40.83
转出变化比例/%	8.30	2.98	7.76	14.03	38.40	28.53
转入变化比例/%	9.12	7.10	7.81	12.04	20.55	16.36
极高覆盖度	10.36	3.37	8.64	14.28	58.70	110.32
转出变化比例/%	5.04	1.64	4.20	6.94	28.54	53.64
转入变化比例/%	7.95	5.60	6.08	8.56	21.95	44.21

4.2　不透水面空间变化规律研究

为反映不透水面在空间上的变化特征，本书从不透水面空间变化轨迹、空间集聚差异、景观格局变化 3 个方面揭示郑州市不透水面空间变化规律。

4.2.1　不透水面空间变化轨迹

4.2.1.1　中位数中心迁移轨迹

不透水面中位数中心迁移轨迹可以定量评估城市重心的扩张方向和迁移距离。中位数中心是一种对异常值反应较为稳健的中心趋势的量度，可标识数据集中到其他所有要素的行程最小的位置的点。用于计算中位数中心的方法是一个迭代过程，在算法的每个步骤（t）中，都会找到一个候选"中位数中心"（x_t，y_t），然后对其进行优化，直到其表示的位置距数据集中的所有要素（或所有加权要素）（i）的"欧式距离"d 最小。计算公式如下：

$$d_i^t = \sqrt{(w_{ISPi}x_i - x_t)^2 + (w_{ISPi}y_i - y_t)^2} \qquad (4-4)$$

式中：x_t、y_t 为候选中位数中心的经度和纬度；x_i、y_i 为不透水面覆盖度图中第 i 个像元的经度和纬度；w_{ISPi} 为不透水面覆盖度图中第 i 个像元的不透水面覆盖度；d_i^t 为候选中位数中心到第 i 个像元的距离，迭代计算中使距离最小的候选中位数中心即为所求不透水面中位数中心。

依据 1990—2019 年主城区不透水面覆盖度反演结果，采用中位数中心计算方法，求得 7 期不透水面中位数中心，然后分别对区域尺度（主城区整体）和子区域尺度（各行政区）上的不透水面中位数中心进行空间叠加，揭示不同尺度下城市重心的扩张方向和迁移距离，结果如图 4 - 5、图 4 - 6 所示和见表 4 - 4。

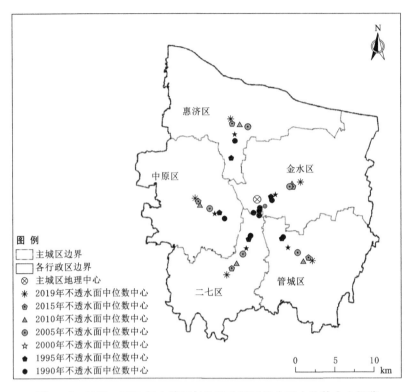

图 4 - 5 1990—2019 年主城区与各行政区不透水面中位数中心概览

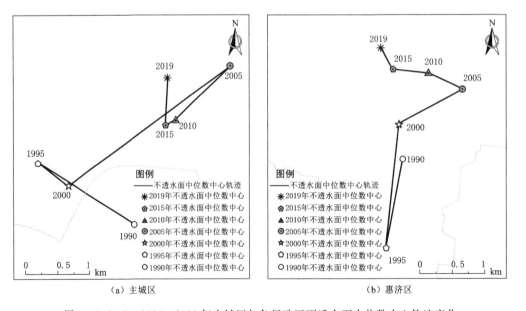

（a）主城区 （b）惠济区

图 4 - 6（一） 1990—2019 年主城区与各行政区不透水面中位数中心轨迹变化

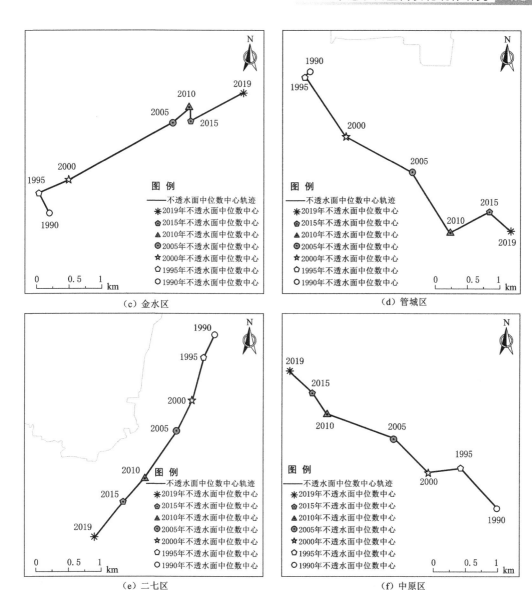

图 4-6（二） 1990—2019 年主城区与各行政区不透水面中位数中心轨迹变化

表 4-4　　　　　 **1990—2019 年主城区与各行政区不透水面中位数中心参数**

行政区	年份	经度/(°)	纬度/(°)	方位角	迁移距离/m	迁移速度/(m/a)
主城区	1990	113.652	34.760			
	1995	113.642	34.765	北偏西 59.813°	980.618	196.124
	2000	113.645	34.763	南偏东 56.477°	329.503	65.901
	2005	113.662	34.771	北偏东 56.281°	1702.170	340.434
	2010	113.658	34.768	南偏西 48.617°	633.383	126.677
	2015	113.652	34.768	南偏西 59.149°	101.457	20.291
	2019	113.652	34.771	北偏东 3.262°	374.720	93.680

行政区	年份	经度/(°)	纬度/(°)	方位角	迁移距离/m	迁移速度/(m/a)
惠济区	1990	113.612	34.868			
	1995	113.609	34.839	南偏西 10.768°	2430.951	486.190
	2000	113.612	34.871	北偏东 6.230°	3340.896	668.179
	2005	113.619	34.877	北偏东 63.388°	2154.885	430.977
	2010	113.615	34.879	北偏西 66.183°	1114.085	222.817
	2015	113.609	34.879	北偏西 85.846°	1110.518	222.104
	2019	113.606	34.882	北偏西 28.710°	655.836	163.959
金水区	1990	113.675	34.779			
	1995	113.672	34.785	北偏西 28.899°	473.326	94.665
	2000	113.681	34.787	北偏东 68.851°	732.165	146.433
	2005	113.704	34.798	北偏东 63.463°	2602.659	520.532
	2010	113.708	34.801	北偏东 48.219°	498.115	99.623
	2015	113.708	34.798	南偏东 7.678°	291.818	58.364
	2019	113.721	34.804	北偏东 63.012°	1307.502	326.875
管城区	1990	113.691	34.736			
	1995	113.688	34.736	南偏西 50.631°	151.839	30.368
	2000	113.695	34.723	南偏东 36.762°	1514.341	302.868
	2005	113.714	34.722	南偏东 63.318°	1665.755	333.151
	2010	113.728	34.709	南偏东 35.170°	1508.107	301.621
	2015	113.738	34.712	北偏东 63.617°	1014.548	202.910
	2019	113.744	34.709	南偏东 49.241°	613.467	153.367
二七区	1990	113.639	34.736			
	1995	113.636	34.730	南偏西 28.146°	682.925	136.585
	2000	113.633	34.717	南偏西 15.699°	1229.823	245.965
	2005	113.629	34.709	南偏西 29.741°	954.447	190.889
	2010	113.623	34.701	南偏西 35.854°	1621.084	324.217
	2015	113.619	34.698	南偏西 48.041°	875.096	175.019
	2019	113.607	34.690	南偏西 41.897°	1306.263	326.566
中原区	1990	113.596	34.760			
	1995	113.587	34.765	北偏西 44.733°	1131.368	226.274
	2000	113.580	34.763	南偏西 81.680°	713.685	142.737
	2005	113.573	34.768	北偏西 48.738°	1023.978	204.796
	2010	113.557	34.771	北偏西 70.845°	1518.698	303.740
	2015	113.551	34.774	北偏西 38.478°	508.704	101.741
	2019	113.547	34.779	北偏西 51.144°	657.246	164.312

1. 区域尺度

主城区的不透水面中位数中心范围在 113.652°E~113.662°E，34.760°N~34.771°N，接近地理中心。不透水面中位数中心轨迹显示，城市在各个时期间发展的不平衡会导致城市重心随时间发生迁移。1990 年不透水面中位数中心位于 113.652°E、34.760°N，1990—1995 年向北偏西方向迁移了 980.618m。1995—2000 年，不透水面中位数中心迁移距离减少了 651.115m，迁移方向与前一个时期相反，迁移至南偏东的 113.645°E、34.763°N。2000—2005 年，不透水面中位数中心变化最为明显，向北偏东方向迁移了 1702.170m，迁移距离相比前一时期增加 4 倍。2005—2010 年，不透水面中位数中心迁移方向变为南偏西，迁移距离减少了 1068.787m，迁移速度约为前一时期的 1/3。2010—2015 年，不透水面中位数中心迁移最为缓慢，迁移距离持续减少，仅向南偏西方向继续迁移 101.457m。2015—2019 年，不透水面中位数中心变化幅度再次变大，迁移了 374.720m，向北偏东迁移到 113.652°E、34.771°N。主城区不透水面中位数中心在研究期内向各个方向均有所迁移，但总体上向东北方向迁移最为明显，说明郑州市城市发展是以地理中心附近区域为核心向四周同时扩展，向东北方迁移幅度最大。

2. 子区域尺度

不透水面中位数中心在各行政区表现出不同的方向趋势，具体分析如下：

惠济区不透水面中位数中心总体呈向北迁移趋势，但迁移方向不断变化。1990 年不透水面中位数中心位于 113.612°E、34.868°N，1990—1995 年向南偏西迁移了 2430.951m。1995—2000 年，不透水面中位数中心迁移变化最为明显，向北偏东迁移了 3340.896m。2000—2005 年，不透水面中位数中心继续向北偏东迁移，但迁移距离减小了 1186.011m。2005—2010 年、2010—2015 年、2015—2019 年不透水面中位数中心迁移经历了北偏西方向年均迁移距离减少的变化过程，年均迁移距离分别为 222.817m/a、222.104m/a、163.959m/a。截至 2019 年，不透水面中位数中心向北偏西 11.422°迁移 3064.539m。总体来讲，惠济区发展重心向北方迁移。

金水区不透水面中位数中心总体呈北偏东迁移趋势，但在 1990—1995 年和 2010—2015 年出现小幅度的不同方向迁移。1990 年不透水面中位数中心位于 113.675°E、34.779°N，1990—1995 年向北偏西迁移了 473.326m。1995—2010 年，不透水面中位数中心在北偏东方向的迁移经历了加速和减速的变化过程。在 1995—2005 年的加速过程中，2005 年的迁移速度比 2000 年增加了 3 倍。2005—2010 年迁移速度下降过程中，2010 年迁移速度不足 2005 年的 1/5。2010—2015 年，不透水面中位数中心迁移方向出现小幅度变化，向南偏东 7.678°方向迁移 291.818m，迁移速度为研究期内最慢。2015—2019 年，不透水面中位数中心迁移方向返回北偏东，迁移距离明显，为 1307.502m。截至 2019 年，不透水面中位数中心向北偏东 60.383°迁移 5013.040m。总体来看，金水区发展重心向东北方迁移。

管城区不透水面中位数中心总体呈南偏东迁移趋势，但在 1990—1995 年和 2010—2015 年出现小幅度的不同方向迁移。1990 年不透水面中位数中心位于 113.691°E、34.736°N，1990—1995 年向南偏西迁移了仅 151.839m，迁移距离为研究期内最小，说明此时期不透水面扩张方向性不明显。1995—2000 年、2000—2005 年、2005—2010 年 3 个时期，不透水面中位数中心向南偏东方向迁移较为平稳，迁移速度均在 300m/a 左右，重心轨迹接近于南偏东 45°方向线。2010—2015 年，不透水面中位数中心向北偏东迁移 1014.548m，迁移距离开始减小。2015—2019 年，迁移距离持续减小至 613.467m，迁移方向也返回至南偏东。截至 2019 年，不透水面中位数中心向南偏东 54.364°迁移 5560.909m。总体来讲，管城区发展重心向东南方迁移。

二七区不透水面中位数中心总体呈南偏西迁移趋势，迁移速度经历了波动增加的过程。1990 年不透水面中位数中心位于 113.639°E、34.736°N，2019 年迁移至 113.607°E、34.690°N。截至 2019 年，不透水面中位数中心向南偏西 33.280°迁移 6562.371m，总体来看，二七区发展重心向西南方迁移。

中原区不透水面中位数中心总体呈北偏西迁移趋势，仅在 1995—2000 年出现小幅度的不同方向迁移。中原区不透水面中位数中心迁移变化趋势与管城区相似，但迁移方向与管城区相反。1990 年不透水面中位数中心位于 113.596°E、34.760°N，1990—1995 年向北偏西迁移 1131.368m，1995—2000 年向南偏西迁移 713.685m，2000 年之后，不透水面中位数中心返回北偏西方向迁移，2005—2010 年变化最明显，迁移距离达 1518.698m，截至 2019 年，不透水面中位数中心向北偏西 59.376°迁移 5270.161m。总体来讲，中原区发展重心向西北方迁移。

4.2.1.2　标准差椭圆形态变化

标准差椭圆形态变化可以反映不透水面空间分布的集中密度、主导方向及在主导方向上的扩张趋势。标准差椭圆是分析地理要素空间分布方向性特征的经典方法之一，关键参数包括长半轴、短半轴、偏转角。本书中，长短半轴长度反映不透水面空间分布的集中密度、偏转角反映不透水面空间分布的主导方向、长短半轴之比反映不透水面在主导方向上的扩张趋势。长短半轴之比等于 1 时表示不透水面空间分布格局不具有方向性，比值大于 1 表示不透水面空间分布格局具有方向性，比值越大表明方向性越明显，即在主导方向上的扩张趋势越明显，反之亦然。标准差椭圆计算公式如下：

$$\left.\begin{array}{l} SDE_x = \sqrt{\dfrac{\sum\limits_{i=1}^{n}(w_i x_i - \overline{X})^2}{n}} \\[4ex] SDE_y = \sqrt{\dfrac{\sum\limits_{i=1}^{n}(w_i y_i - \overline{Y})^2}{n}} \end{array}\right\} \tag{4-5}$$

$$\tan\theta = \dfrac{\left(\sum\limits_{i=1}^{n}w_i^2\tilde{x}_i^2 - \sum\limits_{i=1}^{n}w_i^2\tilde{y}_i^2\right) + \sqrt{\left(\sum\limits_{i=1}^{n}w_i^2\tilde{x}_{2i} - \sum\limits_{i=1}^{n}w_i^2\tilde{y}_i^2\right)^2 - 4\left(\sum\limits_{i=1}^{n}w_i^2\tilde{x}_i\tilde{y}_i\right)^2}}{2\sum\limits_{i=1}^{n}w_i^2\tilde{x}_i\tilde{y}_i} \tag{4-6}$$

$$\left.\begin{array}{l} \delta_x = \sqrt{\dfrac{\sum\limits_{i=1}^{n}(w_i\tilde{x}_i\cos\theta - w_i\tilde{y}_i\sin\theta)^2}{\sum\limits_{i=1}^{n}w_i^2}} \\[4ex] \delta_y = \sqrt{\dfrac{\sum\limits_{i=1}^{n}(w_i\tilde{x}_i\sin\theta - w_i\tilde{y}_i\cos\theta)^2}{\sum\limits_{i=1}^{n}w_i^2}} \end{array}\right\} \tag{4-7}$$

式中：SDE_x 和 SDE_y 为不透水面加权中心的坐标，即椭圆圆心；x_i 和 y_i 表示不透水面覆盖度图中第 i 个像元的坐标；$\overline{X}$ 和 $\overline{Y}$ 为不透水面覆盖度图算数平均中心的坐标；w_i 为像元 i 的不透水面覆盖度；n 是像元总数；θ 为椭圆方位角；$\tilde{x}_i$ 和 $\tilde{y}_i$ 为第 i 个像元的中心与不透水面加权中心在 x 和 y 方向上的偏差；δ_x 和 δ_y 为椭圆的长半轴和短半轴。

依据 1990—2019 年主城区不透水面覆盖度反演结果，采用式（4-5）～式（4-7）求得 7 期不透水面加权标准差椭圆，然后分别对区域尺度（主城区整体）和子区域尺度（各行政区）上的不同时期不透水面加权标准差椭圆进行空间叠加，揭示不同尺度下不透水面空间分布的集中密度、主导方向及在主导方向上的扩张趋势，结果如图 4-7 所示和见表 4-5。

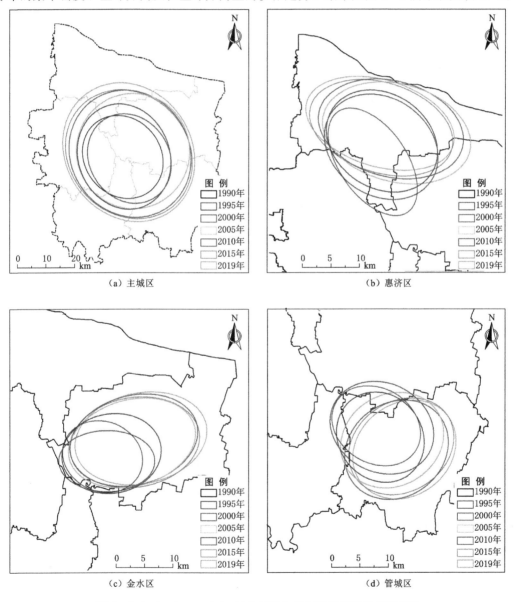

图 4-7（一） 1990—2019 年主城区与各行政区标准差椭圆变化

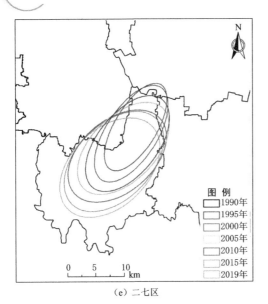

（e）二七区

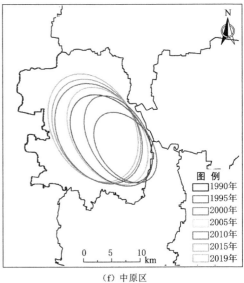

（f）中原区

图 4-7（二）　1990—2019 年主城区与各行政区标准差椭圆变化

表 4-5　　　　　　　　　1990—2019 年主城区与各行政区标准差椭圆参数

行政区	年份	长轴半径/m	短轴半径/m	偏转角/(°)	长短半轴比值
主城区	1990	8050.524	6831.117	117.500	1.179
	1995	7881.418	6764.159	121.169	1.165
	2000	9364.323	8374.689	139.839	1.118
	2005	10661.268	9823.961	92.324	1.085
	2010	11751.153	10556.702	118.836	1.113
	2015	12336.624	10521.485	119.417	1.173
	2019	12956.463	11242.449	125.372	1.152
惠济区	1990	7157.376	5423.562	114.369	1.320
	1995	6949.704	3923.502	139.587	1.771
	2000	7007.379	5239.373	114.264	1.337
	2005	9117.089	5371.592	101.564	1.697
	2010	8941.450	5257.470	101.635	1.701
	2015	8880.500	4939.773	104.472	1.798
	2019	9196.144	4760.041	104.059	1.932
金水区	1990	5774.596	3350.477	90.097	1.724
	1995	4864.288	3852.044	104.910	1.263
	2000	5993.305	4346.895	96.240	1.379
	2005	7753.228	4735.139	101.976	1.637
	2010	7786.676	4899.607	101.524	1.589
	2015	7860.412	4907.800	97.016	1.602
	2019	8022.672	4967.598	99.466	1.615

续表

行政区	年份	长轴半径/m	短轴半径/m	偏转角/(°)	长短半轴比值
管城区	1990	6412.786	4915.222	107.005	1.305
	1995	5555.493	4156.545	111.372	1.337
	2000	5492.344	4753.149	118.003	1.156
	2005	6385.556	5076.918	107.967	1.258
	2010	6472.531	5235.711	112.203	1.236
	2015	6608.964	5029.149	112.231	1.314
	2019	6485.968	5162.857	113.778	1.256
二七区	1990	5574.128	2505.519	144.656	2.225
	1995	6219.467	3030.170	142.649	2.053
	2000	6407.362	3512.449	136.308	1.824
	2005	6532.684	3719.774	129.068	1.756
	2010	6666.301	4117.855	123.521	1.619
	2015	6963.622	4278.541	128.343	1.628
	2019	6878.737	4418.338	126.898	1.557
中原区	1990	4527.316	3005.881	135.991	1.506
	1995	5342.092	3373.018	144.632	1.584
	2000	5910.995	3865.032	135.323	1.529
	2005	6021.485	4009.112	141.346	1.502
	2010	6089.959	4581.833	139.103	1.329
	2015	6268.928	4667.221	140.716	1.343
	2019	6458.754	4794.362	143.184	1.347

1. 区域尺度

标准差椭圆范围逐渐扩大且向东北迁移，不透水面空间分布呈离散化发展，主导方向为"东南—西北"方向，但在主导方向上的扩张趋势不显著。

从长短半轴长度变化来看，1990—1995 年，长半轴由 8050.524m 减小为 7881.418m，短半轴由 6831.117m 减小为 6764.159m，说明不透水面在长半轴方向上呈现强极化，在短半轴方向上呈现弱极化。1995 年之后，长短半轴长度持续增加至 12956.463m 和 11242.449m，说明 1995—2019 年不透水面在长半轴方向上呈强离散化，在短半轴方向上呈现弱离散化。总体来讲，不透水面空间分布呈离散化发展。

从偏转角变化来讲，主轴方向偏转角先由 1990 年的 117.500° 增加到 2000 年的 139.839°，表明 1990—2000 年主城区不透水面空间分布总体上呈"东南—西北"方向为主导的格局，但这种格局在逐渐弱化，有向"正北—正南"方向转变的趋势。2005 年偏转角下降至 92.324°，表明此时期不透水面空间分布接近"正北—正南"方向的主导格局。2005 年之后偏转角开始上升，到 2019 年上升至 125.372°，表明 2005—2019 年主城区不透水面空间分布恢复"东南—西北"方向的主导格局，且这种趋势相比 2000 年前有所增强。总体来讲，"东南—西北"方向是郑州市主城区不透水面空间分布的主导方向。

从长短半轴比值变化来看，1990—2019 年长短轴比值变化不大，整个研究期内呈波动增加的趋势，从 1990 年的 1.179 逐渐减小到 2005 年的 1.085，到 2015 年时增加至 1.173，之后再次减小至 2019 年的 1.152，表明 1990—2005 年不透水面在空间分布主导方向上的扩张趋势逐渐减弱；2005—2015 年，不透水面在空间分布主导方向上的扩张趋势逐渐增强；2015—2019 年，不透水面在空间分布主导方向上的扩张趋势略微下降。总体来讲，从 1990—2019 年长短轴比率均维持在 1.1，表明主城区不透水面空间分布具有一定方向性，但在主导方向上扩张趋势不显著。

2. 子区域尺度

各行政区标准差椭圆范围均逐渐扩大且移动方向各不相同，具体分析如下：

（1）惠济区：长半轴长度持续增加，表明不透水面在长半轴方向上呈离散化发展；短半轴长度持续减少，表明不透水面在短半轴轴方向上呈极化发展。偏转角由 114.369°减小至 104.059°，表明不透水面空间分布总体上呈"东南—西北"方向为主导的格局，但这种格局逐渐弱化，有向"正东—正西"方向转变的趋势。长短轴比值均大于 1 且逐渐增大，表明不透水面空间分布具有方向性，在主导方向上扩张趋势显著，且这种扩张趋势逐渐增强。

（2）金水区：长半轴由 5774.596m 增加至 8022.672m，短半轴由 3350.477m 增加至 4967.598m，表明不透水面在长短半轴方向上均呈离散化发展，但在长短轴方向上的离散化趋势强于短半轴方向。不透水面空间分布主导方向 2000 年之前呈"东南—西北"，2000 年之后呈"东北—西南"方向为主导的格局，且这种格局呈增强趋势，但不显著。长短半轴比值均大于 1，除 1995 年与 2000 年外其他时期均维持在 1.6，表明不透水面空间分布具有方向性，在主导方向上的扩张趋势显著，且这种扩张趋势较为稳定。

（3）管城区：长短半轴长度在 2005 年之前逐渐减小，2005 年之后逐渐增加，表明不透水面在长短半轴方向上变化趋势一致，均为由极化发展转为离散化发展。不透水面空间分布主导方向 2005 年之前呈"东南—西北"的格局，且这种格局呈增强趋势，但不显著；2005 年之后突然转变为"东北—西南"的主导格局，且这种格局呈增强趋势，但不显著。长短半轴比值维持在 1.3 左右，表明不透水面空间分布具有方向性，在主导方向上的扩张趋势显著，且这种扩张趋势较为稳定。

（4）二七区：长半轴由 5774.128m 增加至 6878.737m，短半轴由 2505.519m 增加至 4418.338m，表明不透水面在长短半轴方向上均呈离散化发展，但在长短轴方向上的离散化趋势弱于短半轴方向。不透水面空间分布总体上呈"东北—西南"方向为主导的格局，但这种格局逐渐弱化，有向"正北—正南"方向转变的趋势。长短半轴比值前期接近于 2，后期逐渐减小，但仍在 1.5 以上，表明二七区不透水面空间分布具有方向性，在主导方向上的扩张趋势显著，这种扩张趋势虽然逐渐减弱，但仍高于同时期其他行政区在主导方向上的扩张趋势。

（5）中原区：长半轴由 4527.316m 增加至 6458.754m，短半轴由 3005.881m 增加

至 4794.362m，表明不透水面在长短半轴方向上均呈离散化发展，但在长短轴方向上的离散化趋势略强于短半轴方向。不透水面空间分布总体上呈"东南—西北"方向为主导的格局，且这种格局呈较显著的增强趋势。长短半轴比值均大于 1 且逐渐减小，表明不透水面空间分布具有方向性，在主导方向上的扩张趋势显著，但这种扩张趋势逐渐减弱。

4.2.2 不透水面空间集聚差异

地理过程由于受空间相互作用和空间扩散的影响，地理数据往往不是独立的，而是相互关联的。空间自相关分析作为理论地理学基本方法之一，通过空间权重矩阵和滞后向量，揭示相邻研究单元之间的空间关联性，包括度量整个区域空间分布特征的全局空间自相关和度量局部空间分布特征的局部空间自相关。本书中，为了反映不透水面扩张的空间集聚差异，选取不透水面扩张幅度指标描述不透水面扩张的速度和趋势，采用全局空间自相关和局部空间自相关模型对郑州市不透水面扩张的空间自相关性进行量化研究。

4.2.2.1 不透水面扩张幅度指标

本书中采用不透水面扩张速度指数（expansion speed index，简称 ESI）描述不透水面的扩张幅度，其值作为不透水面扩张空间相关性分析中区域空间单元的属性值。扩张速度指数是指在既定时段内既定区域不透水面的变化面积与该区域初期不透水面面积的比值，表示不透水面扩张的速度与趋势，计算公式如下：

$$ESI = \frac{ISA_b - ISA_a}{ISA_a} \times \frac{1}{\Delta T} \times 100\% \qquad (4-8)$$

式中：ISA_a 和 ISA_b 分别为 a 时期和 b 时期的不透水面面积；ΔT 为时间跨度。

4.2.2.2 不透水面扩张空间相关性分析

1. 全局空间自相关

全局空间自相关指标主要用来探索属性值在整个区域所表现出来的空间特征，表明空间总体的自相关性。表示全局空间自相关的指标和方法很多，主要包括 Moran 指数（Moran's I）、Geary 系数（Geary's C）、Ripley 指数（Ripley's K）、Getis 统计量（Getis' G）和连接数分析（Join Count Analysis）等，其中全局 Moran's I 是最常用的全局空间自相关检验统计变量。

全局 Moran's I 取值在 ±1 之间，大于 0 表示区域总体呈正的空间自相关，空间分布呈现聚集状态，且属性值越接近于 1，表明总体空间差异越小；小于 0 表示区域总体呈负的空间自相关，空间分布呈离散状态，且属性值越接近于 −1，表明总体空间差异越大；等于 0 表示空间分布不存在自相关，呈现独立随机分布。计算公式为：

$$I = \frac{n \sum_{i=1}^{n} \sum_{j=1}^{n} w_{ij}((x_i - \overline{x})(x_j - \overline{x}))}{\sum_{i=1}^{n} \sum_{j=1}^{n} w_{ij} \sum_{i=1}^{n} (x_i - \overline{x})^2} \quad (i \neq j) \qquad (4-9)$$

式中：I 为全局 Moran's I；n 为参与分析的区域数；x_i、x_j 分别为区域 i 和区域 j 的属性值；$\overline{x}$ 为所有区域属性值的平均值；w_{ij} 为空间权重（当区域 i 和区域 j 相邻时，$w_{ij} = 1$；当区域 i 和区域 j 不相邻时，$w_{ij} = 0$）。

需要注意的是，全局 Moran's I 统计量本身的大小并不说明空间聚集的类型，若要判断空间自相关在全局上是随机还是非随机，可由正态分布的 Z 检验来判断。在 α 的显著水平下，$Z_I > Z_{\alpha/2}$，表示分析范围内变量的特征有显著空间相关性且是正相关；$-Z_{\alpha/2} \leqslant Z_I \leqslant Z_{\alpha/2}$，表示分析范围内变量的特征无显著相关性，即不存在空间自相关性；$Z_I < -Z_{\alpha/2}$，表示分析范围内变量的特征有显著空间相关性且是负相关。检验统计量 Z_I 计算公式如下：

$$Z_I = \frac{I - E_I}{\sqrt{V_I}} \tag{4-10}$$

$$E_I = -\frac{1}{n-1} \tag{4-11}$$

$$V_I = \frac{n^2(n-1)S_1 - n(n-1)S_2 - 2(S_0)^2}{(S_0)^2(n^2-1)} \tag{4-12}$$

其中

$$S_0 = \sum_{i=1}^{n} \sum_{j=1}^{n} w_{ij}$$

$$S_1 = \frac{1}{2} \sum_{i=1}^{n} \sum_{j=1}^{n} (w_{ij} + w_{ji})^2$$

$$S_2 = \sum_{i=1}^{n} \left[\sum_{j=1}^{n} (w_{ij} + w_{ji})^2 \right]$$

式中：E_I 和 V_I 分别为全局 Moran's I 期望和方差。

2. 局域空间自相关

全局空间自相关假定空间是同质的，即只存在一种充满整个区域的趋势。但实际中，从研究区域内部来看，各局部区域的空间自相关完全一致的情况是很少见的，常常存在不同水平与性质的空间自相关，这种现象称为空间异质性。区域要素的空间异质性普遍存在，局域自相关就是通过对各个子区域中的属性信息进行分析，探查整个区域属性信息的变化是否平滑（均质）或者存在突变（异质）。局域空间自相关分析可以更加准确地反映空间要素的异质性特性，其结果一般可以采用地图等可视化表达。

在本书中，采用的是局域 Moran's I 来衡量局域空间自相关性，如同在全局空间自相关研究中一样，还有其他方法可供选择，例如局域 Geary's C、Getis'G 等方法。之所以选用局域 Moran's I，主要在于从本质上看局域 Moran's I 是将全局相关性指标分解到局域空间上，属于全局 Moran's I 的分解形式。Anselin 将其称为 LISA，即空间联系局域指标（local indicators of spatial association）。对于某个空间单元 i，I_i 可表示为：

$$I_i = \frac{x_i - \overline{x}}{S_3} \sum_{j=1}^{n} w_{ij}(x_j - \overline{x}) \tag{4-13}$$

式中：I_i 为局域 Moran's I；$S_3 = \left(\sum_{j=1}^{n} x_j^2 \right)/(n-1) - \overline{x}^2$；其余符号含义同公式（4-9）。

I_i 值域范围为 ± 1 之间，大于 0 表示一个高值被高值所包围（高至高），或者是一个低值被低值所包围（低至低）；小于 0 表示一个低值被高值所包围（低至高），或者是一个高值被低值所包围（高至低）；等于 0 表示区域均质分布。

局域空间自相关不仅可以度量区域内空间关联的程度，还可以找出空间聚集点所在。本书采用 Moran 散点图和 LISA 集聚图将不透水面扩张的局部差异可视化，用来识别局部区域聚集类型及区域发展内的"热点"和"冷点"。需要注意的是，所有区域的局域 Moran's I 结果都会显示在 Moran 散点图中，但是只有通过 Z_{Ii} 统计检验的区域才会显示在 LISA 集聚图中。LISA 的 Z_{Ii} 检验公式同全局 Moran's I 的 Z_I 检验公式相同。

Moran 散点图在开展局域空间自相关分析过程中具有重要作用，它能够提供直观的空间自相关效果图，识别子区域聚集类型。将变量的标准化属性值与其空间滞后向量之间的相关关系，以散点图的形式加以描述。其中横轴对应变量的标准化属性值，纵轴对应空间滞后向量的取值，横纵坐标的乘积代表单个散点对应的局域 Moran's I 值。Moran 散点图可以划分为 4 个象限，分别对应 4 种不同的空间格局，如图 4-8 所示。右上象限（HH）：高值区域被高值邻居所包围；左上象限（LH）：低值区域被高值邻居所包围；左下象限（LL）：低值区域被低值邻居所包围；右下象限（HL）：高值区域被低值邻居所包围。HH 和 LL 表示区域与其周边地区的差异较小，即较高值或较低值的地区集中分布，而 LH 和 HL 表示区域与其周边地区的属性值具有一定程度的差异。其中，H 表示变量属性值高于平均值，L 表示变量属性值低于平均值。

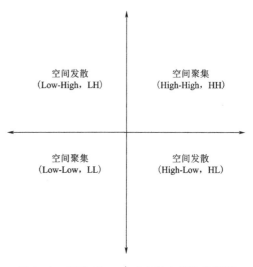

空间发散
(Low-High, LH)

空间聚集
(High-High, HH)

空间聚集
(Low-Low, LL)

空间发散
(High-Low, HL)

图 4-8　局域 Moran's I 空间自相关象限图

LISA 集聚图能够将通过显著性检验的区域直观地显示在图上，识别区域发展过程的"热点"和"冷点"地区。局部 Moran's I 值对全局 Moran's I 值的影响程度越大，表明该地区可能是空间聚集区，同时通过显著性水平检验判断该地区是否存在空间自相关。在 α 的显著水平下，$Z_{Ii} > Z_{\alpha/2}$ 表明为空间聚集现象，此时又分为"热点"和"冷点"，其中前者为相邻区域的局部 Moran's I 值都很高，以"高—高"表示，后者为相邻区域的局部 Moran's I 值都很低，以"低—低"表示，两者都是正的空间自相关；$Z_{Ii} < Z_{\alpha/2}$ 表明该地区的属性值差异性很大，属于特殊情况，称为空间发散，可分为属性值高的地区相邻地区属性值低，属性值低的地区相邻地区属性值高，用"高—低"和"低—高"表示，两者属于负的空间自相关。

4.2.2.3　不透水面扩张总体空间集聚差异

依据 1990—2019 年不透水面反演结果，采用式（4-8）计算郑州市主城区 66 个乡级行政区 1990—1995 年、1995—2000 年、2000—2005 年、2005—2010 年、2010—2015 年、2015—2019 年 6 个时期的不透水面扩张速度指数（为方便后文叙述，分别将其用 ESI_1、ESI_2、ESI_3、ESI_4、ESI_5、ESI_6 代替）。采用式（4-9）分别计算 $ESI_1 - ESI_6$ 的全局 Moran's I 值，并对其进行显著性检验，各时期全局 Moran's I 值均通过了显著性水平为 0.05 的假设检验。结果如图 4-9 所示。

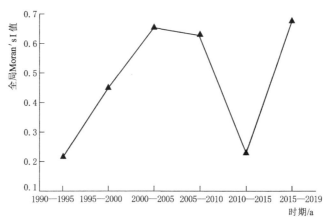

图4-9　各时期全局 Moran's I 变化

由图4-9可知，各个时期不透水面扩张速度指数的全局 Moran's I 分别为 0.2145、0.4498、0.6511、0.6286、0.2264、0.6743，表明各区域之间不透水面扩张具有正的空间自相关特征，即发展较快的区域趋于与区域的行政区相邻，发展较慢的区域趋于与较慢的区域相邻。整个研究期来看，全局 Moran's I 总体呈波动增长趋势，表明郑州市主城区各乡级行政区不透水面扩张呈集聚分布态势，不透水面扩张相似（高高或低低）的地区在空间上集聚分布的趋势越来越明显，总体空间差异趋于缩小。发展过程来看，全局 Moran's I 在 2005 年之前和 2015 年之后均呈快速增加趋势，而在 2005—2010 年和 2010—2015 年两个时期呈持续下降趋势，且 2010—2015 年下降趋势最为明显，表明不透水面扩张的高值集聚和低值集聚趋势经历了先增强后减弱再增强的发展过程。

4.2.2.4　不透水面扩张局部空间集聚差异

根据各乡级行政区的局域 Moran's I 计算结果，运用 Moran 散点图和 LISA 集聚图进行分析，确定各乡级行政区的空间集聚类型及不透水面扩张的冷热点地区。

1. 空间集聚类型

依据 1990—2019 年各乡级行政区的局域 Moran's I，得到如图 4-10 所示的 Moran 散点图，将散点图中各象限内点对应的乡级行政区进行统计，得到如图 4-11 所示的各乡级行政区在 Moran 散点图中的分布图及表 4-6 的 Moran 分布表。

表4-6　　　　　　各乡级行政区在 Moran 散点图中的分布情况统计

年　份		1990—1995	1995—2000	2000—2005	2005—2010	2010—2015	2015—2019
高一高（HH）	个数	17	15	14	19	10	19
	比例/%	25.76	22.73	21.21	28.79	15.15	28.79
低一高（LH）	个数	13	7	7	5	9	5
	比例/%	19.70	10.61	10.61	7.58	13.64	7.58
低一低（LL）	个数	31	42	40	41	33	42
	比例/%	46.97	63.64	60.61	62.12	50.00	63.64
高一低（HL）	个数	5	2	5	1	14	0
	比例/%	7.58	3.03	7.58	1.52	21.21	0.00

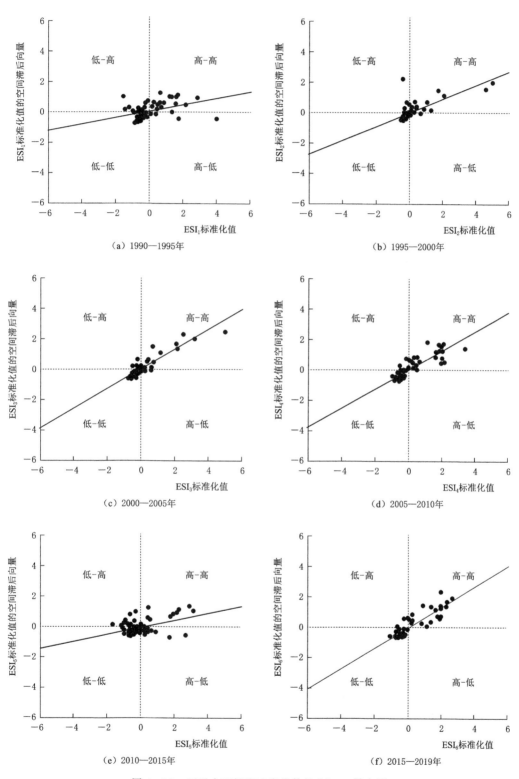

图 4-10 不透水面扩张速度指数的 Moran 散点图

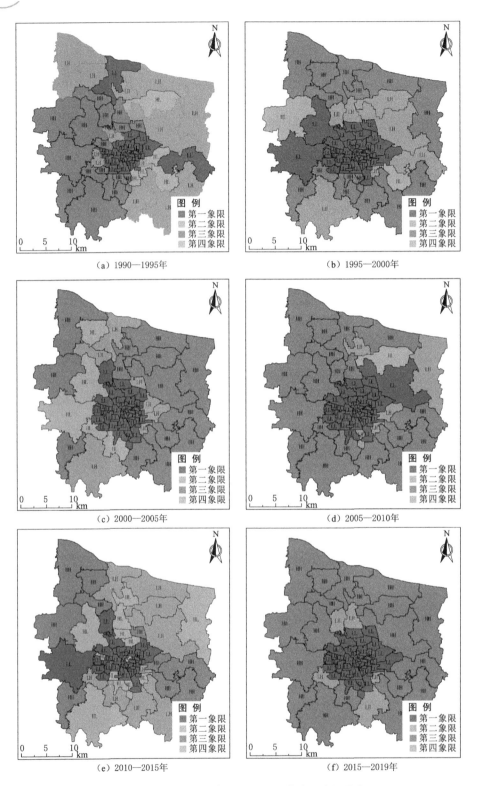

（a）1990—1995年　　　　　（b）1995—2000年

（c）2000—2005年　　　　　（d）2005—2010年

（e）2010—2015年　　　　　（f）2015—2019年

图 4 - 11　各乡级行政区在 Moran 散点图中的分布

结合图 4-10、图 4-11 及表 4-6 对 1990—2019 年对不透水面扩张速度指数 Moran 散点图进行分析发现：

多数乡级行政区位于第一、第三象限内，表现出正的空间自相关性，且位于第三象限的"低—低"型乡级行政区数量远远多于第一象限的"高—高"型乡级行政区数量，表明低值集聚比高值集聚地区数量多，这是表现出正空间自相关性的主要原因。"高—高"型与"低—低"型区域数量占区域总数量的比重呈增长趋势，表明主城区不透水面扩张的集聚态势显著，这与全局 Moran's I 分析结果相一致。

"低—低"型乡级行政区主要位于城市中心，"高—高"型乡级行政区主要位于城市中心周边，"低—低"型乡级行政区数量虽然明显多于"高—高"型乡级行政区，但总面积小于"高—高"型乡级行政区。也反映出城市扩张特征：在城市发展过程中，城市中心发展较为成熟，城市主要以向四周扩散的方式扩张，对城市中心周边土地扰动较大，地表覆被变化剧烈。

Moran 散点图有助于发现偏离全局空间自相关的非典型地区，即位于第二象限的"低—高"及第四象限的"高—低"型区域。分析发现："低—高"型和"高—低"型乡级行政区数量总体均呈减少趋势，表明研究期内各区域不透水面扩张的空间同质性增强。但在 2010—2015 年出现异常拐点，"低—高"型和"高—低"型乡级行政区数量均明显增加，表明该时间段内不透水面扩张的空间同质性有所减弱，这主要是因为这期间城市处于发展模式转型初期，各区域定位不同，导致各区域不透水面扩张趋势差异较大，空间异质性增加。

2. 冷热点区演变分析

为了判断 1990—2019 年来局部空间集聚发生的变化，重点考察显著性水平较高（采用 0.05 的显著性水平）的局部空间集聚指标，得到如图 4-12 所示的 LISA 集聚图，用以识别不同时期热点区和冷点区的分布。

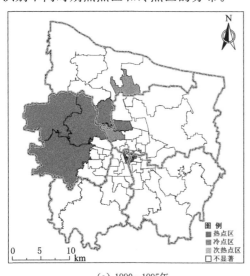

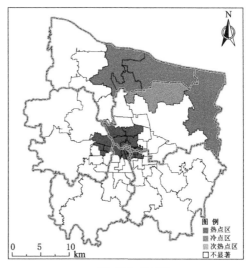

(a) 1990—1995 年   (b) 1995—2000 年

图 4-12 （一） 不透水面扩张速度指数的 LISA 集聚图

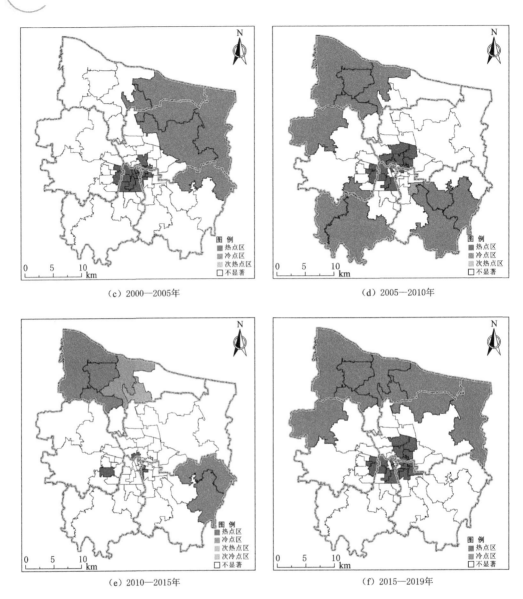

（c）2000—2005年　　　　　　　　　　（d）2005—2010年

（e）2010—2015年　　　　　　　　　　（f）2015—2019年

图 4-12（二）　不透水面扩张速度指数的 LISA 集聚图

　　整体来看，近 30 年来郑州市主城区不透水面扩张热点"簇团"呈现"数量少、面积大、外围集中"的格局，冷点"簇团"呈现"数量多、面积小、中心集中"的格局，表明主城区不透水面增长格局相对集中且主要集中在老城区外围的新开发地区。

　　发展过程来看，1990—1995 年热点区集中分布于主城区西部，表明此阶段主城区西部不透水面扩张速度较快，包含 6 个乡级行政区，其中中原区 4 个、金水区 2 个；冷点区位于城市中心，包含 5 个乡级行政区，其中管城区 2 个、二七区 3 个，冷点区数量虽与热点区相近，但总面积明显小于热点区。1995—2000 年热点区相比前一时期发生较大变化，由西部转移至东北部，包含 4 个乡级行政区，其中惠济区 3 个、金水区 1 个；冷地区在前一时期的基础上增加明显，增加至 20 个乡级行政区，其中中原区 4 个、金水区 7 个、管城区 3 个、二七区 6 个。2000—2005 年热点区继续向北偏东方向转移，数量上相比前一时期也有所增加，包含 6 个乡级行政区，其中惠济区 3 个、金水区 2 个、管城区 1 个；冷点区相比前一时期数量相当，包含 19 个乡级行政区，但区域分布有所变化，其中中原区 2 个、金水区 3 个、管城区 4 个、二七区 10 个。2005—2010 年热点区"簇团"由 1 个增加至 3 个，分别位于主城区西北部、西南部和东南部。热点区数量相比前一时期也有明显增加，包含 11 个乡级行政区，其中中原区 2 个、惠济区 4 个、管城区 3 个、二七区 2 个；冷点区相比前一时期向东北部偏移，但仍位于城市中心，包含 16 个乡级行政区，其中中原区 3 个、金水区 7 个、管城区 1 个、二七区 5 个。2010—2015 年冷热点区相比前一时期均明显减少，热点区位于主城区西北部和东南部，包含 2 个乡级行政区，其中惠济区 3 个、管城区 2 个；冷点区包含 4 个乡级行政区，其中中原区 1 个、金水区 1 个、管城区 2 个。2015—2019 年热点区主要位于主城区北部，包含 9 个乡级行政区，其中中原区 1 个、惠济区 6 个、金水区 2 个；冷点区仍位于城市中心，包含 20 个乡级行政区，其中中原区 3 个、金水区 5 个、管城区 6 个、二七区 6 个。

冷热点区演变过程分析表明：由于老城区外围的乡级行政区面积普遍较大，为城市扩展提供了土地基础，发展模式以新建城区为主，不透水面扩张速度较快，多为城市发展热点区；而老城区内的乡级行政区受限于可利用土地面积少，发展模式以内部拆旧建新为主，不透水面扩张速度较慢，多为城市发展冷点区。

4.2.3 各等级不透水面的景观格局变化规律

景观格局是指构成景观的生态系统或土地利用/覆被类型的形状、比例和空间配置。不透水面景观作为城市中的主要景观类型，具有显著空间异质性特征，其空间分布与动态变化过程能够反映城市化进程中人类活动对地表覆被变化的干扰程度及结果。不透水面的持续扩张及结构变化深刻影响着城市景观的生态学过程，城市景观功能正发生着质的变化，亟须对其结构组成特征和空间配置关系开展定量研究，为城市景观塑造提供数据支撑。

4.2.3.1 景观指标的意义及选取

景观指数是指能够高度浓缩景观格局信息，反映其结构组成和空间配置等方面特征的定量指标。景观指数的数目繁多，总体可归纳为信息论类型、面积与周长比类型、统计学指标类型、空间相邻或自相关类型及分维类型，这些指数相互之间的相关性往往很高，同时对同一类型采用多种指数并不能增加"新"信息，反而会造成信息冗余现象。因此，在进行景观格局分析前需要先对景观指数进行筛选。对于单一不透水面景观，景观破碎化程度和聚集度是衡量景观异质性的重要指标，根据研究区域特征，参照同类研究成果中的指数选择，本书从斑块形态特征、斑块空间构型特征和景观整体特征三个层次选取斑块密度（Patch Density，简称 PD）、聚集度指数（Aggregation Index，简称 AI）、面积—周长分维数（Perimeter-area fractal dimension，简称 PAFRAC）、蔓延度指数（Contagion In-dex，简称 CONTAG）、香农多样性指数（Shannon's Diversity Index，简称 SHDI）5 个指数对不透水面景观格局特征进行分析。其中，斑块密度（PD）表征不同等级不透水面的破碎化程度，聚集度指数（AI）表征不同等级不透水面的空间配置情况，面积—周长分维数（PAFRAC）表征不同等级不透水面的斑块形状特征和复杂性，蔓延度指数

（CONTAG）和香农多样性指数（SHDI）表征不透水面景观在空间上的团聚程度和丰富程度。各景观指数的定义及生态意义见表4-7：

表4-7 景观指数及其生态意义

景 观 指 数		生 态 意 义	单位	取值范围
类型水平	斑块密度（PD）	衡量斑块的破碎化程度，指数值越大，景观类型破碎化程度越高	个/km²	$PD>0$
	聚集度指数（AI）	反映不同斑块类型的聚集程度，如果一个景观类型由许多离散的小斑块组成，其聚集度值较小；当景观类型中以少数大斑块为主或同一类型斑块高度连接时，聚集度值较大	%	$0 \leqslant AI \leqslant 100$
	面积—周长分维数（PAFRAC）	度量斑块或景观类型形状的复杂程度，其值越接近1，则斑块的形状就越有规律，或者说斑块就越简单；其值越接近2，斑块形状就越复杂	无	$1 \leqslant PAFRAC \leqslant 2$
景观水平	蔓延度指数（CONTAG）	衡量景观里不同斑块类型的团聚程度或延展趋势，指数值大表示存在优势斑块，且该类型的斑块具有较好的连通性	%	$0 < CONTAG \leqslant 100$
	香农多样性指数（SHDI）	反映景观异质性，特别对景观中各斑块类型非均衡分布状态较为敏感，景观类型越丰富，破碎化程度越高，其不定性的信息含量越大，其值也就越高	无	$SHDI \geqslant 0$

4.2.3.2 不透水面景观格局分析

以1990—2019年七期不透水面覆盖度分类图为数据源，利用Fragstats 4.2软件分别在斑块类型水平和景观水平上计算表4-7所述的五种景观指数，结果如图4-13所示。景观格局对空间的度量一般包括三个层次的内容，即景观整体特征、斑块空间构型特征和斑块形态特征，本书结合景观指数计算结果从这三个层次对不透水面扩张的景观格局变化进行分析。

1. 景观整体特征分析

1990—2019年郑州市主城区不透水面景观多样性提高，景观蔓延度降低，各覆盖度等级经历了主体景观的更替过程，即从1990年自然地表与极高覆盖度等级占主导的景观格局，到2019年各覆盖等级聚集度较为相近。SHDI的值持续上升，说明不透水面景观多样性程度不断提高，景观斑块出现密集分布的格局，景观中的优势斑块类型的优势度降低，对整体景观的控制减弱，景观的连片性下降。CONTAG的值持续下降，说明区域各类型景观总体上呈现分散的趋势，区域景观中优势类别的连通度下降，集聚性减弱，破碎程度加剧。以上景观异质性分析结果表明随着人类活动的加剧，不透水面的破碎化程度逐年加大，整体景观走向多样化，景观斑块呈现出密集分布的格局。

2. 组分空间构型分析

自然地表和极高覆盖度等级PD值持续增加，但增幅较小，说明这两个等级的斑块有向破碎化发展的趋势，但不显著。高覆盖度等级PD值呈现先增后减的波动增加趋势，在2015年达到最大值，说明1990—2015年高覆盖等级不透水面呈较散的无序扩张，2015年后转变为聚合式发展。极低覆盖度、低覆盖度、中覆盖度等级斑块PD值呈现先增后减再

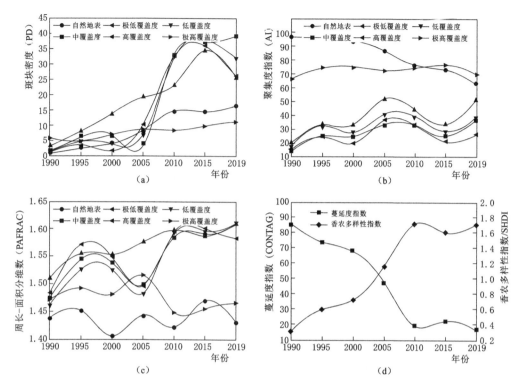

图 4 - 13 1990—2019 年主城区不透水面覆盖度等级的景观格局变化

增再减的波动增加趋势，最大值与高覆盖度等级一样出现在 2015 年，1990—2015 年经历了"离散—聚合—离散"的扩张，2015 年后除中覆盖度等级不透水面保持离散扩张外，其他两个等级不透水面转型为聚合式发展。研究期内，自然地表的 AI 值持续降低，但在 2010 年之前依然高于其他覆盖度等级的斑块聚集度。极高覆盖度的 AI 值总体变动不大，至 2019 年已成为城市景观中的主要覆盖类型。自然地表和极高覆盖度等级聚集度较高且在研究期内相对稳定，说明自然地表和极高覆盖度等级斑块之间的连接性一直较强。其他覆盖度等级的聚集度呈波浪形增长趋势，斑块连接性逐渐增强，但仍低于自然地表和极高覆盖度等级的斑块连接性。整体而言，研究期内各等级不透水面覆盖度的 PD 值均有所增加，表明随着城市化程度的加深，各等级不透水面覆盖度的斑块数量逐渐增多，景观破碎化程度加剧。各等级不透水面覆盖度的 AI 值的不同的增减变化展示了自然地表斑块的聚集程度显著下降，而人工地表斑块的团聚程度明显增加，表明了人为干扰景观的波动过程。

3. 斑块形状特征分析

自然地表的 PAFRAC 值最低，说明自然地表的斑块形状相对于人工不透水面较为简单，其值虽有波动，但一直维持在 1.40 ~ 1.45，说明自然地表的斑块形状特征相对较为稳定。极高覆盖度不透水面的 PAFRAC 值呈增加后减少的趋势，说明极高覆盖度不透水面斑块形状经历了从趋于不规则再到规则化的发展过程。高覆盖度不透水面的 PAFRAC 值持续增加，说明高覆盖度不透水面斑块形状趋于复杂化。极低覆盖度、低覆盖度、中覆盖度不透水面的 PAFRAC 值呈先增后减再增，最后趋于稳定的发展趋势，说明在经历了快速无序发展之后，城市中低覆盖度等级的不透水面景观类型趋于稳定，斑块形状较为稳定。整体来看，随着生态型、宜居型城市目标的提出，城市建设过程中植被、水体等景观类型与人工不透水面相生相伴，使得中低覆盖度等级不透水面呈零散分布的特点，其斑块形状趋于复杂。

4.3　本章小结

本章首先利用第 3 章提出的 DELSMA 模型对郑州市主城区 1990—2019 年 7 个时期的遥感影像进行不透水面信息提取，然后对不透水面的时序变化特征及空间变化规律展开研究。时序变化特征从不透水面面积变化及各等级不透水面的转移特征两方面进行分析，空间变化规律从不透水面的空间变化轨迹、空间集聚差异及各等级不透水面的景观格局变化三方面进行分析，主要结果与结论如下：

（1）研究区不透水面扩张趋势明显。总体上，不透水面面积由 71.29km² 增加到 523.34km²，占行政区总面积比例由 7.12% 提高到 51.49%。受自然条件与城市化发展方式的影响，主城区下辖 5 区的不透水面扩张程度不尽相同，且存在阶段差异性：1990—2000 年金水区、二七区、管城区不透水面增加明显，不透水面比例均超过 20%；2000—2010 年管城区城市建设加快，不透水面共增加 54.82km²，增加量占区内总面积的 27.53%；2010—2019 年，惠济区不透水面快速扩张，年均增加面积 3.92km²/a，高于其他几个区。

（2）各等级不透水面扩张差异显著。从亚像元视角对不透水面内部的等级转化规律予以揭示，能够更为细致地刻画不透水面的变化过程。各等级不透水面变化特征如下：极低覆盖度等级的不透水面先增后减，至研究期末成为占比最低的不透水面类型；低覆盖度和中覆盖度等级不透水面先增后减再增，拐点出现在 2010 年、2015 年，至研究期末占比相当；高覆盖度等级不透水面先增后减再增，拐点出现在 2005 年、2015 年，至研究期末成为占比最高的不透水面类型；极高覆盖度等级不透水面持续增加后略减，至研究期末占比与高覆盖度等级相当。城市化过程中将耕地、水田、沼泽、滩涂等自然地表转变为不同功能的建设用地，是导致不透水面覆盖度等级结构差异化的主要原因。

（3）研究区城市发展重心整体上向东北方迁移，下辖各个行政区发展重心变化分别为：惠济区发展重心向北方迁移，金水区发展重心向东北方迁移，管城区发展重心向东南方迁移，二七区发展重心向西南方迁移，中原区发展重心向西北方迁移。不透水面空间分布总体上呈"东南—西北"方向的主导格局，但在主导方向上的扩张趋势不显著，下辖各个行政区不透水面空间分布的主导方向分别为：惠济区呈"东南—西北"方向的主导格局，金水区和管城区主导方向由"东南—西北"向"东北—西南"方向变化，二七区呈"东北—西南"方向的主导格局，中原区呈"东南—西北"方向的主导格局，且在主导方向上的扩张趋势均较为显著。

（4）研究区不透水面扩张具有显著的空间集聚性，且集聚分布态势越来越明显，总体空间差异趋于缩小。空间集聚类型以"高—高"集聚和"低—低"集聚为主，"低—低"

集聚区域数量多于"高—高"集聚区域，但面积小于"高—高"集聚区域。近30年来不透水面扩张热点区在城市郊区东南西北多个方向呈现"跳跃式"分布规律，这主要是因为受资源配置和政策影响，在不同时期城市发展重点不同，地表覆被在不同时期受到不同程度的扰动。冷点区较为集中于稳定的分布在中心城区，主要是因为郑州市中心城区有郑州火车站和配套的居住、物流、商业设施，城市化起步较早，并逐渐饱和，后期城市发展过程中主要以局部地区拆旧建新为主，对地表覆被扰动不明显。

（5）研究区不透水面的景观格局总体呈破碎化、不规则化、多样化的趋势，景观稳定性有待加强。6个不透水面覆盖度等级中，自然地表和极高覆盖度等级的斑块破碎化程度低，空间连接性强，形状简单；低覆盖度、中覆盖度、高覆盖度等级的不透水面斑块破碎化程度高，空间连接性弱，形状趋于复杂。研究期内，各等级不透水面经历了主体景观的更替过程，由自然地表和极低覆盖度等级占主导的景观格局逐步演变为以中高覆盖度等级为主导的景观格局，反映了城市化进程对地表覆被变化的深刻影响。

第5章 降水产流过程对不透水面变化的响应特征

　　降水产流过程作为城市水循环的重要环节，对城市水资源和排水设计有着重要影响。伴随着快速城市化地区高强度人类活动的干预，原有的自然降水产流过程发生显著改变，形成具有局地特征的城市降水产流过程，城市降水产流过程区别于自然降水产流过程的显著特征主要包括极端降水增多和地表径流增加。下垫面剧烈变化导致的近地层大气热力、动力条件的改变，是城市化影响降水的主要物理机制，这与人工不透水面的蓄热能力强及地表粗糙度增加密切相关。受此影响，在水汽充足、凝结核丰富的条件下，城市地区容易形成对流云和对流性降水，诱导、强化暴雨等极端降水现象的发生，引发城市雨岛效应，如图5-1所示。同样降水条件下，受人工不透水面低渗透性的影响，降水到达地面后，蒸发、下渗等自然过程被人工不透水面阻隔，产流过程发生变化。随着不透水面比例的增加，蒸发量、下渗量逐渐减少，地表径流量显著增加，如图5-2所示。在气候背景相对稳定的条件下，不透水面扩张是城区降水产流过程显著区别与郊区自然降水产流过程的主要驱动因素，与城区极端降水增多、洪涝灾害频发等城市水问题息息相关。因此，本书以遥感技术获取的城市不透水面为基础，采用数学模型与城市水文模型相结合的方法，以城区降水、径流变化与不透水面的相关性分析为切入点，探讨城区降水产流过程对不透水面变化的响应特征。

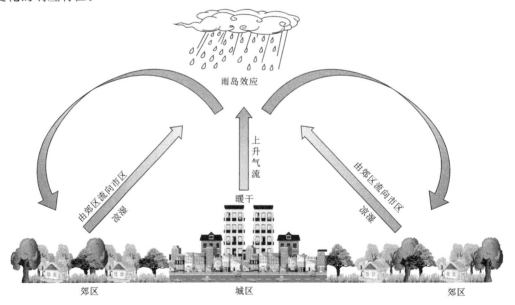

图5-1　雨岛效应示意图

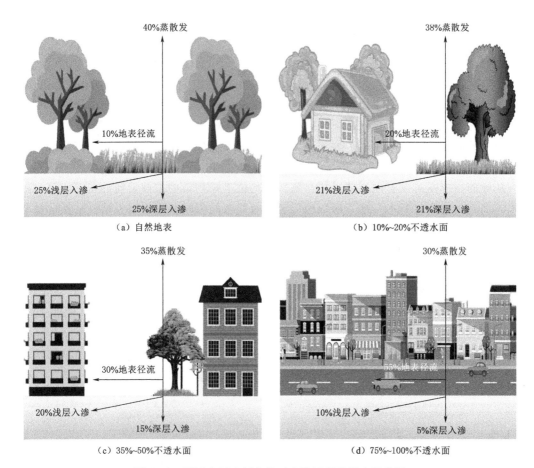

（a）自然地表　　　　　　　　　　　　（b）10%~20%不透水面

（c）35%~50%不透水面　　　　　　　　（d）75%~100%不透水面

图 5-2　不透水面比例变化对产流过程的影响示意图

5.1　不透水面与城区降水变化的相关性分析

降水过程受大气环流背景和局地环境（下垫面变化）的共同作用，大区域长时间尺度上，气候变化是降水变化的主要驱动因素，但在局部区域短期尺度上，地表覆被变化对降水的影响更为显著。开展不透水面与城区降水变化的相关性分析研究，有助于量化理解下垫面变化对城区降水的影响程度。本书首先在气候背景一致的基础上对城郊降水差异进行多角度分析，然后采用回归模型分析不透水面与城郊降水差异的关系，最后定量分析不透水面对城区降水变化的贡献率。

5.1.1　城郊降水差异分析

城区降水是在区域气候背景基础上，叠加地表覆被剧烈变化影响后形成的一种特殊局地降水系统。城郊对比法常被用来分析城区降水与郊区降水的异同，探讨城市化是否对城区降水产生影响及影响程度。

5.1.1.1　城区与郊区站点选取

采用城郊对比法时站点的选取应满足以下三个原则：①属于同一气象分区，气候背景

相似；②地形接近，局部气象条件一致；③两站点的降水资料时间序列稳定性较好。限于
资料来源，本书选取郑州站作为城区站（$113°39'$E，$34°43'$N），大吴站（$113°51'$E，
$34°49'$N）作为郊区站。

从遥感影像可以看出，大吴站位于以水体和农业用地为主要下垫面类型的城市郊区，
郑州站位于以高密度不透水面为主要下垫面类型的城市中心，两站点所在区域的下垫面类
型能够较好地代表人为干扰前后下垫面的变化情况。两站点经纬度位置相近，在国家气候
分区中两地属于同一气象分区，大气环流背景对两站点降水的影响相似，站点选取满足原
则①。

从地面高程图可以看出，城区站与郊区站均位于郑州市中东部黄河冲击平原区，地势
平坦，局部气象条件基本一致，所以地形起伏对降水的影响基本可以忽略，在城区站与郊
区站横向比较时可消除地形因素的影响，站点选取满足原则②。

由图 5-3 的年降水量变化曲线和线性趋势线可以看出，城区站和郊区站的多年降水
量均呈振荡变化，存在小幅的增加趋势，但并不显著（未通过 0.05 的显著性水平检验）。
从 5 年滑动平均曲线来看，两站在 20 世纪 80 年代初期、90 年代初期和 2000—2010 年、
2011—2020 年中后期均出现 4 个峰值，20 世纪 80 年代中后期、90 年代中后期和 2011—
2020 年中期均出现 3 个谷值，两站呈现出一致的周期变化。以上分析表明城区站和郊区
站的年降水时间序列是比较稳定的，资料一致性较好。因此，在对同站不同时期降水进行
对比分析时可以忽略区域气候变化的影响，站点选取满足原则③。

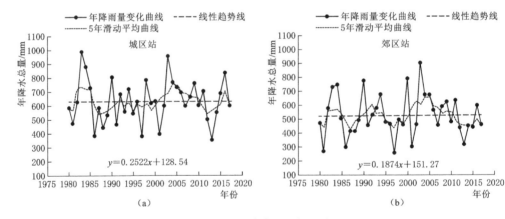

图 5-3　年降水量城郊差异

5.1.1.2　城郊降水量差异

以增雨系数 k（$k = P_市 / P_郊$）来分析城郊降水量差异，探究郑州市主城区是否存在
"雨岛效应"。列表计算 1990—2017 年城区站和郊区站年降水量、汛期降水量、最大日降
水量在不同时期平均降水量及增雨系数，见表 5-1。

由表 5-1 可以看出，整体来看，各时期城区站年降水量、汛期降水量、最大日降水
量均大于郊区站，增雨系数呈增长趋势，城区存在"雨岛效应"。具体分析如下：①不同
时期城区站的年降水量与汛期降水量均大于郊区站，且 1990—2017 年城区站的年降水量
比郊区站多 18.30%，汛期降水量比郊区站多 20.45%。但年降水量增雨系数、汛期降水

量增雨系数在不同时期的区别不是很显著，变化幅度在 0.12 以下；②最大日降水量的增雨系数呈倒 V 形，中期为拐点。前期到中期，增雨系数增幅达 0.34，中期到后期减幅为 0.22，但前期到后期增雨系数仍为增加趋势，增量为 0.13。说明城区地表覆被的剧烈变化对最大日降水量有增加作用，且在不透水面扩张最快的中期（2011—2010 年）最为明显，后期（2011—2017 年）随着城市规划的调整，高密度不透水面比例下降，水体、绿地增多，城市热岛效应得到一定的减缓，热力对流性暴雨发生的频率有所减少。

表 5−1　　　　　　　　　城郊站不同时期平均降水量及增雨系数

时　　期	年降水量/mm		K_1	汛期降水量/mm		K_2	最大日降水量/mm		K_3
	城区站	郊区站		城区站	郊区站		城区站	郊区站	
1990—2017 年	636.0	537.7	1.18	419.9	348.6	1.20	80.1	69.3	1.16
1990—2000 年（前期）	619.7	542.6	1.14	389.1	335.0	1.16	78.9	75.3	1.05
2001—2010 年（中期）	676.1	573.9	1.18	485.2	400.8	1.21	94.4	67.8	1.39
2011—2017 年（后期）	604.4	478.1	1.26	375.1	295.4	1.27	62.9	53.5	1.18
增量 1（中期—前期）	56.4	31.3	0.04	96.1	65.8	0.05	15.5	−7.5	0.34
增量 2（后期—中期）	−71.7	−95.8	0.09	−110.1	−105.3	0.06	−31.5	−14.3	−0.22
增量 3（后期—前期）	−15.3	−64.5	0.12	−14.0	−39.5	0.11	−16.0	−21.8	0.13

以双累积曲线进一步评估城区与郊区年降水量和汛期降水量的长期演变趋势、时间及强度，如图 5−4 所示。双累积曲线是按时间进程对降水、径流及输沙量等随机变化数据进行累加处理，可以起到对随机过程的滤波效果，削弱随机噪声，显现被分析要素的趋势性。利用双累积曲线可以揭示降水量是否有趋势性变化，如果有是从什么时间开始，以及趋势性变化强度。如果不透水面比例大幅度增加前后曲线的斜率发生转折，即可认为不透水面扩张对区域降水量产生影响。一般认为，这种偏离是不透水面扩张干扰的结果，发生偏离所对应的年份就是不透水面扩张使降水量发生突变的年份，偏离点与原直线的延长线的距离表示了不透水面扩张干扰的程度，距离越大表明影响程度越大。

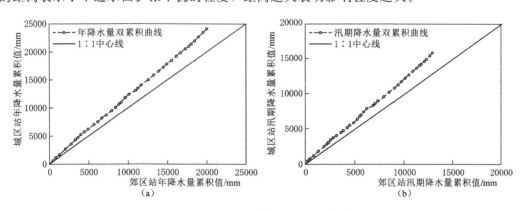

图 5−4　城郊站降水量双累积曲线

从图 5−4 可以看出，城区站的累积年降水量和累积汛期降水量持续高于郊区站，双累积曲线斜率均处于上升趋势，且位于 1∶1 中心线上方，说明主城区降水除了受到区域背景气候的影响外,还受到不透水面扩张的影响。城区站与郊区站的年降水量、汛期降水量双累积曲线斜率在 2000 年出现明显变化,2000 年之前,曲线斜率波动增加,变动幅度较小;2000 年之后,曲线斜率呈直线增加趋势,与 1∶1 中心线距离逐年增加。双累积曲线斜率的变化说明城市下垫面或气候背景条件发生了显著的变化,但由于城区站与郊区站的气候条件、地形等背景因素相近,横向比较时,年降水量与汛期降水量受气候条件、地形等背景因素影响几乎相同,因此导致城区站年降水量、汛期降水量增加趋势显著高于郊区站的原因可能是受城市不透水面快速扩张的影响,导致近地层大气热力、动力条件改变,进而增强了城区降水量。

5.1.1.3　城郊不同等级降水差异

将城区站、郊区站 1990—2017 年的日降水量以中国气象局颁布的"降水等级划分标准(内陆部分)"中的 24h 雨量值范围为分类的参考依据,去除过渡的等级,划分为小雨($P<10$mm)、中雨(10mm$\leqslant P<25$mm)、大雨(25mm$\leqslant P<50$mm)、暴雨($P\geqslant 50$mm)4 个等级。统计不同时期各类型降水的平均雨日数及比值,结果见表 5 - 2。

表 5 - 2　　　　　　　　不同时期不同类型降水平均雨日数及比值

时　期	站　点	雨　日　数			
		小雨	中雨	大雨	暴雨
1990—2017 年	城区站	60.29	11.05	5.03	1.82
	郊区站	44.92	10.26	3.84	1.18
	比值	1.34	1.08	1.31	1.53
前期(1990—2000 年)	城区站	61.57	10.62	4.95	1.86
	郊区站	43.14	10.43	3.67	1.24
	比值	1.43	1.02	1.35	1.50
中期(2001—2010 年)	城区站	60.70	11.70	4.70	2.10
	郊区站	43.70	10.10	4.40	1.60
	比值	1.39	1.16	1.07	1.31
后期(2011—2017 年)	城区站	55.86	11.43	5.71	1.29
	郊区站	52.00	10.00	3.57	0.43
	比值	1.07	1.14	1.60	3.0

由表 5 - 2 可知,1990—2017 年小雨、中雨、大雨城区站比郊区站雨日数分别多34%、8%、31%,暴雨多达 53%。说明不透水面扩张引起城区不同类型降水的雨日数都增加,其中对暴雨发生次数的影响最大,其次为小雨和大雨,受影响最小的为中雨。但从不同发展时期来看,不透水面扩张对不同类型降水的影响经历了不同的发展过程。

1. 小雨

城区小雨雨日数逐渐减少,郊区小雨雨日数逐渐增加,但同期仍低于城区。造成这种现象的原因可能是不同发展时期不透水面扩张形式有所不同,不透水面扩张前期呈"摊大饼"式蔓延扩展,类型主要为低层人工建筑物,降水增加主要受"城市热岛效应"影响,而中期和后期随着城市人工建筑物密度和高度增加,形成了独特的城市冠层结构,不仅易引起机械湍流，而且对移动滞缓的降水系统有阻障效应，从而导致城市降水强度增大、降水时间延长等，易形成大雨或暴雨，因此小雨雨日数呈减少趋势。

2. 中雨

城区中雨雨日数呈增加趋势，郊区中雨雨日数呈减少趋势，两者比值均大于1，且呈波动增加趋势，但变化幅度不大。说明不透水面扩张对中雨雨日数有增强作用，但强度不明显。

3. 大雨

城区大雨雨日呈先减后增的 V 形增长趋势，郊区大雨雨日数呈先增后减的倒 V 形减少趋势，两者比值整体为增加趋势，增加幅度达 20%。自然气候背景下，郊区大雨雨日数呈减少趋势，但同期城区大雨雨日数却呈增长趋势，说明不透水面扩张对城区大雨雨日数的增加作用远大于郊区的抑制作用。

4. 暴雨

城区和郊区的暴雨雨日数均呈先增后减的变化趋势，但同期城区暴雨雨日数均多于郊区，各发展时期分别多 50%、31%、200%，可见不透水面扩张对城区暴雨雨日数的影响显著。城区暴雨雨日数的增加与不透水面扩张引起的地表能量平衡和水分平衡改变密切相关。

总体而言，郑州地区降水类型主要还是以小雨为主，其次为中雨，大雨和暴雨所占比例较低。但随着城市扩张，不透水面比例大幅增加，各降水类型变化趋势有所转变，体现在小雨雨日数的城郊差异开始变小，但大雨和暴雨雨日数的城郊差异显著增加。说明不透水面扩张使得城区强降水发生概率增加，其中对暴雨发生概率的影响最大。

5. 城郊降水年内分配差异

降水时空分配不均是导致城市洪涝灾害频发的直接原因之一，主要表现为：当降水量在时间或空间上过于集中时，集中时段或集中地区易发生洪涝。随着不透水面比例的增加，城市热岛、雨岛效应对降水影响愈发凸显，极端降水变得更加频繁，降水时空分配的非均匀性加剧。降水集中度（precipitation concentration degree，简称 PCD）和降水集中期（precipitation concentration period，简称 PCP）是利用向量原理来定义时间分配特征的参数，作为衡量降水非均匀分配的重要指标，能够定量揭示区域年内降水的时空非均匀性变化特征。降水集中度与降水集中期计算公式如下：

$$PCD_i = \sqrt{R_{xi}^2 + R_{yi}^2}/R_i \qquad (5-1)$$

$$PCP_i = \tan^{-1}(R_{xi}/R_{yi}) \qquad (5-2)$$

$$R_{xi} = \sum_{j=1}^{12} r_{ij} = \sum_{j=1}^{12} r_j \sin\theta_j \qquad (5-3)$$

$$R_{yi} = \sum_{j=1}^{12} r_{ij} = \sum_{j=1}^{12} r_j \cos\theta_j \qquad (5-4)$$

式中：PCD_i 和 PCP_i 分别为第 i 年的降水集中度和降水集中期指数（无量纲）；i 为年份（$i=1980$，1981，$\cdots$，2017）；j 为月序（$j=1$，2，$\cdots$，12）；R_i 为某测站年内总降水量，mm；R_{xi} 和 R_{yi} 分别为某测站第 i 年逐月降水量的水平分量之和与垂直分量之和，mm；r_{ij} 为第 i 年第 j 月的降水量，mm；θ_j 为第 j 月降水量的向量角度，(°)。

降水集中度（PCD）能反映年降水总量在各月的集中程度，取值范围为0～1。如果年降水总量均匀分布于每个月，则各月向量分量累加后为0，即PCD为极小值；如果年降水总量全部集中在1个月内，则该月合成向量与年降水总量之比为1，即PCD为极大值。PCD值越接近0，表示降水越不集中，年内分配趋于均匀；PCD值越接近1，表示降水越集中，年内分配越不均匀；降水集中期（PCP）代表合成向量的方位角，取值范围为0°～360°。将计算得到的角度转换为年内对应的月序，即可反映1年中降水集中出现在哪个时段，如图5-5所示。

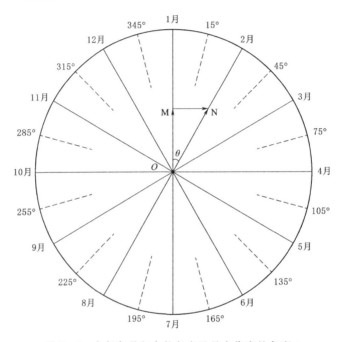

图5-5 全年各月包含的角度及月中代表的角度 θ

本书利用1990—2017年城区站和郊区站逐日降水数据，以降水集中度与集中期指数为基础，采用趋势分析和对比分析等方法，对城区及郊区年内降水非均匀性特征进行定量分析，结果如图5-6、图5-7所示。

由图5-6可以看出，从整体变化趋势来看，1990—2017年城区站PCD呈上升趋势，变化速率为0.029/10a，略高于郊区站变化速率0.025/10a，但两个区域变化均未通过0.05显著性检验，说明PCD线性趋势不明显。从年代际变化特征来看，城区站与郊区站PCD均为倒V形变化态势，不透水面扩张前期（1990—2000年）年代均值最低，中期（2001—2010年）年代均值明显高于多年均值，后期（2011—2017年）年代均值低于多年均值，但略微高于前期年代均值。城区站与郊区站PCD前期年代均值分别为0.52、0.51，中期年代均值分别为0.58、0.57，后期年代均值分别为0.53、0.51，倍比关系均接近1。以上分析说明不透水面扩张对城区的降水集中度影响不明显。

由图5-7可以看出，从整体变化趋势上看，城区站与郊区站PCP均呈波动增长趋势，但城区站变化幅度大于郊区站，城区站PCP变化速率为10.2/10a，郊区站变化速率

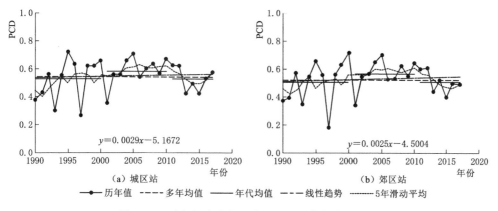

图 5-6 城郊站降水集中度（PCD）变化趋势对比

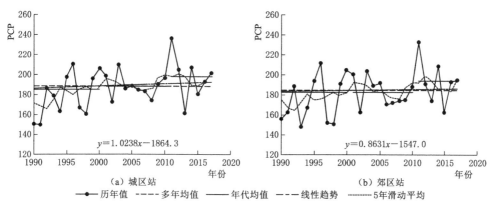

图 5-7 城郊站降水集中期（PCP）变化趋势对比

8.6/10a，但这种变化趋势并没有通过显著性检验。城区站 PCP 多年均值为 188.34°，郊区站 PCP 多年均值为 184.33°，对照图 5-5 可知，城区站年内降水多集中在 7 月 17—18 日，郊区站年内降水多集中在 7 月 9—10 日，城区站年内降水集中期要晚于郊区站约 8d。从年代际变化来看，城区站与郊区站 PCP 均表现为递增趋势，年代际变化趋势与整个研究期变化趋势相似，不透水面扩张的前期和中期年代均值低于多年均值，后期年代均值明显高于多年均值。以上分析说明随着时间推移，区域气候背景整体上发生一定变化，导致区域降水集中期有延迟趋势。同时，城区站降水集中时间相对于郊区站又有所延迟，表明不透水面扩张对城区的降水集中期产生延迟效应。

5.1.2 不透水面与城郊降水差异的相关性分析

前文分析说明在大气候背景一致的条件下，城郊降水存在显著差异，主要影响因素为下垫面剧烈变化引起的局地水热循环改变而导致城区极端降水增多。降水强度比率（urban rainfall intensity ratio，R_{uri}）是能够反映城郊降水差异程度的量化指标，指城区站与郊区站的年均降水强度比值，计算公式如下：

$$R_i = R_{total} / D_{total} \qquad (5-5)$$

$$R_{uri} = R_{im} / R_{ib} \qquad (5-6)$$

式中：R_i 为年均降水强度；R_{total} 为年降水总量；D_{total} 为总降水日数；R_{im}、R_{ib} 分别为城区站和郊区站某个时间段内的年均降水强度。$R_{uri} > 1$ 表示城区降水率高于郊区，$R_{uri} < 1$ 表示城区降水率低于郊区。

通过对不透水面比例与降水强度比率的关系进行回归分析，能够揭示不透水面比例与城郊降水差异的相关关系。将 1990 年、1995 年、2000 年、2005 年、2010 年、2015 年、2019 年不透水面比例与对应时期内的降水强度比率分别进行线性、指数、对数和多项式等多种模型的回归分析，发现不透水面比例与降水强度比率呈正相关关系，且以多项式模型的相关度最高，如图 5-8 所示，其相关系数为 0.8292，且通过 0.05 显著性检验，而线性、指数和对数模型的相关系数分别为 0.6012、0.5694、0.4149。因此，不透水面比例与降水强度比率呈二次多项式函数关系。由图 5-8 可以看出，当不透水面比例为 30% 以下时，降水强度比率变化无明显规律，受不透水面比例影响尚不显著，但当不透水面比例超过 30% 以后，降水强度比率近似线性增加趋势，受不透水面比例影响显著。说明在高不透水面比例地区，降水强度比率增幅明显高于低不透水面比例地区，不透水面比例对城市降水增加有促进作用。不透水面扩张对降水强度的影响主要与下垫面热力性质改变引起的热力不稳定及下垫面粗糙度增大引起的低层气流辐合过程增强有关。大量的自然地表转化为不透水面导致产生对流雨的云中气流垂直速度变大，阵性强降水的发生频率提高，进而造成城区降水过程出现极端降水的频率提高，降水强度增大。

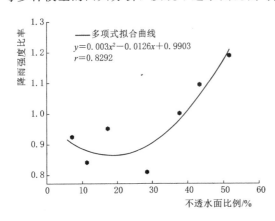

图 5-8 不透水面比例与降水强度比率的回归分析

5.1.3 不透水面对城区降水变化的贡献率

城区降水受气候背景和不透水面扩张等因素的影响，本书以降水量变化率为基础定量分析不透水面扩张对城区年降水量、汛期降水量、主汛期降水量变化的贡献率，计算公式如下：

$$\omega_{IS} = r_{IS} / r_b \qquad (5-7)$$

$$r_{IS} = r_c - r_b \qquad (5-8)$$

式中：ω_{IS} 为不透水面扩张对城区降水增加的贡献率；r_{IS} 为不透水面扩张的增水率；r_c 为城区降水量变化率；r_b 为郊区降水量变化率。

依据 1990—2017 年城区站和郊区站逐日降水数据，经统计合并计算，可得到城区和郊区的年降水量变化率、汛期降水量变化率、主汛期降水量变化率，结果见表 5-3。

将表 5-3 的降水量变化率结果代入式（5-7）、式（5-8）计算，得到不透水面扩张对城区年降水量、汛期降水量、主汛期降水量变化的贡献率，结果如图 5-9 所示。

表 5 - 3　　　　　　　　　　　城郊站降水量变化率

区　域	年降水量变化率 /(mm/10a)	汛期降水量变化率 /(mm/10a)	主汛期降水量变化率 /(mm/10a)
城区站	2.52	7.97	8.49
郊区站	1.87	6.54	5.88

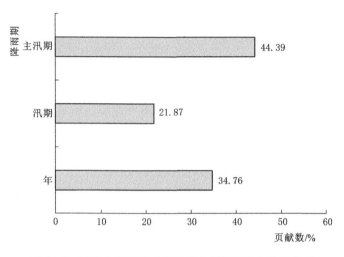

图 5 - 9　不透水面扩张对不同降水期雨量变化的贡献率

由图 5 - 9 可知，不透水面扩张对年、汛期、主汛期降水量变化贡献率均为正值，说明城区降水增加速率比郊区降水增加速率大。不透水面扩张对主汛期降水量变化贡献率最大，说明夏季城区降水量受不透水面扩张影响最大。不透水面扩张对汛期降水量变化贡献率不足主汛期一半，这可能是因为不透水面扩张并没有明显影响城区的降水集中度，汛期的 6 月和 9 月降水量并没有因为不透水面的扩张而明显增加。不透水面扩张对年降水量变化贡献率介于汛期和主汛期之间，说明不透水面扩张对汛期以外的其他月份的降水量也有增加作用，但没有对主汛期的影响明显。以上分析表明，虽然降水变化是多种因素综合影响的结果，但不透水面扩张这一因素在城区增雨效应中作用明显，尤其对夏季雨量增加影响最大。

5.2　不透水面变化对地表径流影响的模拟分析

城市土地利用中将自然地表转化为不透水面，改变了下垫面形式，从而干扰了地表径流的形成过程。随着城市不透水面的大量增加，透水性地表的急剧减少，天然的径流过程逐渐变化为具有城市特性的径流过程，导致城市径流的流量、持续时间及强度增加，加剧急流、洪水和内涝。模拟城市不透水面扩张对城区径流量的影响程度，对城区防洪设计、减少洪涝灾害具有重要的意义。水文模型是进行地表径流估算的主要手段，但每一种水文模型都具有其独特的适用范围。基于 SCS - CN 方法发展起来的长期水文影响评价模型（long term hydrologic impact assessment，简称 L - THIA），能够借助长期的降水、土壤、土地利用数据，对径流量、非点源污染负荷进行模拟估算。与其他水文模型相比，L－THIA 具有所需数据少，能够利用 ArcGIS 软件对结果进行快速显示，同时能够有效、快速地评价不透水面变化对地表径流的长期影响等特征，随着模型的完善，被广泛应用于流域内城市化程度较高的地区。因此，本书综合遥感技术和 L－THIA 模型，改进模拟所需的地表覆被参数，模拟不同雨情和不同水文年情景下的地表径流量，揭示日径流量和年径流量对不透水面扩张的响应特征。

5.2.1　L－THIA 模型构建与验证

5.2.1.1　模型工作原理

L－THIA 模型是为了评估城市地区土地利用变化对地表径流和非点源污染负荷的长期影响而开发的，能够利用快速城市化地区某段时间内的降水数据、土壤数据和土地利用数据，模拟出研究区逐日、逐月、逐年的径流量和非点源污染情况。该模型主要针对平均影响，而不仅是某一年或某一场降水的径流量和污染物浓度，因此 L－THIA 模型对合理开发和利用流域土地资源和水资源提供针对性的理论指导。L－THIA 模型最初只是作为一个电子表格应用程序实现，之后 L－THIA 模型与 GIS 结合，并在 ArcView 3 中开发应用，实现了在 GIS 程序中的栅格操作。随着研究和应用工作的开展，基于 GIS 的 L－THIA 模型已经在 ArcGIS 10.X 平台开发完善，升级为可以应用于 ArcGIS 10.2 软件上运行的 L－THIA GIS ver. 2013 模型。图 5－10 展示了 L－THIA 模型的工作流程：首先将处理好的土地利用图和水文土壤组图输入模型中计算每个栅格的 CN 值，然后利用逐日降水量进行驱动，运行 L－THIA 模型计算流域内不同地类的径流深和径流量，并与实际监测的径流数据进行对比，调整 CN 值使得模拟径流量与实测数据相符，最后利用校正好的不同地类 CN 值计算地表径流。

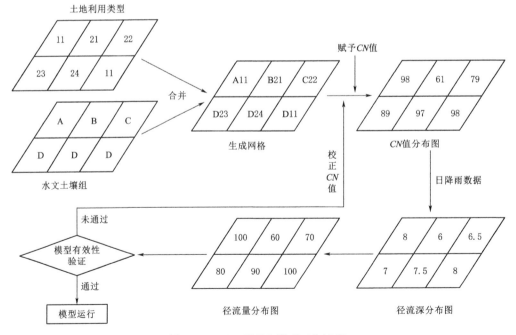

图 5－10　L－THIA 模型工作流程

L-THIA 模型具有以下优势：①模型运行数据较少且容易获取，只需要土地利用类型、水文土壤组和降水量；②模型忽略冰雪融水对地表径流的贡献，并且忽略地面冻结减少而增加产流及地下水补给等的影响；③模型能够很好地与地理信息系统融合，将研究区相关空间要素的底图输入到模型中，有利于以图像等形象化显示模型模拟的结果。该模型的核心部分是基于土地利用数据和水文土壤数据计算 CN 值，并根据日降水量估算直接径流量。

5.2.1.2 模型参数校正

L-THIA 模型采用 SCS-CN 曲线法估算地表径流，该方法是由美国农业部水土保持局（Soil Conservation Service，简称 SCS，现为自然资源保护局 Natural Resources Conservation Service，简称 NRCS）根据大量观测数据总结而来，被广泛用于模拟径流深和径流量，其计算公式如下：

$$\begin{cases} Q = \dfrac{(P - I_a)^2}{P - I_a + S} & I_a < P \\ Q = 0 & I_a \geqslant P \end{cases} \qquad (5-9)$$

$$I_a = 0.2S \qquad (5-10)$$

$$S = \frac{25400}{CN} - 254 \qquad (5-11)$$

式中：Q 为实际地表径流量，mm；P 为总降水量，mm；I_a 为初损值，mm；主要指截流、表层蓄水等；S 为土壤最大蓄水，mm。CN 值是一个无量纲参数，用于描述降水—径流关系，理论取值范围是 $0 \sim 100$，而在实际应用中取值范围是 $40 \sim 98$。

L-THIA 模型运行最重要的参数是 CN 值，直接表达了降水与径流之间的关系。通过 CN 值可以将研究区下垫面定量化，用量化的指标定量反映下垫面条件对产汇流过程的影响，也间接反映了人类活动对径流量的影响。根据美国普渡大学研制的 L-THIA 不透水模型的计算公式，可直接将城市不透水面的百分比转化成 CN 值，计算公式为

$$CN_{n\%} = CN_{0\%} + n\% \times (98 - CN_{0\%}) \qquad (5-12)$$

式中：$CN_{n\%}$ 为所求的 CN 值；$CN_{0\%}$ 为不透水面百分比为 0 时的 CN 值，其中 A 类土壤为 49，B 类土壤为 69，C 类土壤为 79，D 类土壤为 84；$n\%$ 为每个研究单元的不透水面百分比。

上述公式所得的 CN 值仅考虑下垫面覆被情况，但 CN 值由土壤类型、土地利用类型、前期土壤湿润程度等因素综合决定，其中土壤类型与土地利用类型在年内变化较小，可忽略不计，但前期土壤湿润程度在年内变化随临前降水量不同而存在较大差异。由于不同的临前降水会引起土壤湿润程度变化进而对径流模拟产生很大影响，因此引入前期降水指数（Antecedent Moisture Condition，简称 AMC）根据前期土壤湿润程度变化对 CN 值进行相应的校正，其计算公式如下：

$$AMC = \sum_{i=1}^{5} P_i \qquad (5-13)$$

式中：P_i 为 5d 前期累计降水量，mm。

依据 5d 前期累计降水量可将前期土壤湿润程度划分为前期土壤干燥（AMCⅠ）、前

期土壤中等湿润（AMCⅡ）、前期土壤湿润（AMCⅢ）三种类型，详情见表 5-4。

表 5-4　　　　　　　　　　　　　　　前期土壤湿润类型确定

AMC 等级	前期土壤湿润程度	5d 前期累计降水量/mm	
		作物生长期 （定义 4 月 15 日开始）	作物休眠期 （定义 10 月 21 日开始）
AMCⅠ	干燥	$P<35$	$P<12$
AMCⅡ	中等湿润	$35{\leqslant}P{\leqslant}53$	$12{\leqslant}P{\leqslant}28$
AMCⅢ	湿润	$P>53$	$P>28$

前期土壤干燥（AMCⅠ）和湿润（AMCⅢ）条件下的 $CN\,\mathrm{Ⅰ}$ 和 $CN\,\mathrm{Ⅲ}$ 可按照以下公式进行计算：

$$CN\,\mathrm{Ⅰ}=\frac{CN\,\mathrm{Ⅱ}}{2.281-0.0128{\times}CN\,\mathrm{Ⅱ}} \tag{5-14}$$

$$CN\,\mathrm{Ⅲ}=\frac{CN\,\mathrm{Ⅱ}}{0.427+0.0057{\times}CN\,\mathrm{Ⅱ}} \tag{5-15}$$

基于遥感技术反演的不透水面覆盖度，依据公式 5-12 计算相应 CN 值，参考 L-THIA 模型提供的 CN 值查算表，建立研究区在前期土壤中等湿润程度（AMCⅡ）下的 CN 值表，见表 5-5，其他前期土壤湿润程度条件下的 CN 值根据式 5-14、式 5-15 进行修正。

表 5-5　　　　　　　　　　　不同土壤类型和土地利用方式下的 CN 值

模型编码	土地利用类型	不透水面覆盖度 /%	CN 值			
			A	B	C	D
11	水体	—	98	98	98	98
21	未开发区	0~19	40	61	74	80
22	低强度发展区	20~49	51	68	79	84
23	中等强度发展区	50~79	68	79	86	89
24	高强度发展区	80~100	86	91	93	94

5.2.1.3　模型数据准备

1. 土地利用类型

不透水面能够准确反映城市区域土地覆被变化过程，相比传统土地利用层级化分类体系更加简单和直观。最新的 L-THIA GIS ver. 2013 版本土地利用输入数据已包括以不透水面覆盖度等级划分的城市地表覆被类型，输出结果为逐日、逐月和逐年的径流产生量。相比原版本，新版本功能的完善使 L-THIA 模型操作更加简单，应用范围更广，尤其适用于以不透水面为主的相关研究。以第 4 章反演的不透水面覆盖度为数据源，结合 L-THIA 模型提供的土地利用输入类型，将研究区土地利用划分为未开发区（ISP：0~19%）、低强度发展区（ISP：20%~49%）、中等强度发展区（ISP：50%~79%）、高强度发展区（ISP：80%~100%），划分结果如图 5-11 所示。

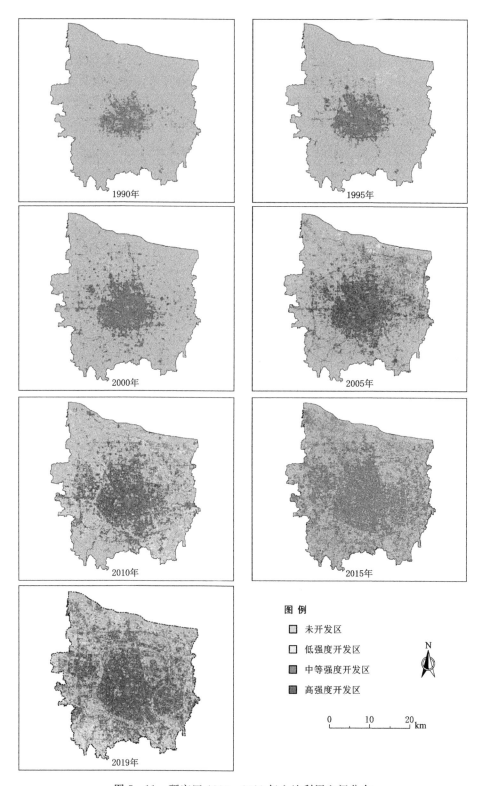

图 5-11　研究区 1990—2019 年土地利用空间分布

2. 水文土壤组

本书以河南省 1 : 100 万的土壤栅格数据为基础，叠加研究区范围，得到研究区土壤类型空间分布数据。由于 L - THIA 模型输入的土壤类型为考虑土壤渗透性的水文土壤组（Hydrologic Soil Group，简称 HSG），因此需要依据研究区土壤质地对土壤类型进行分组处理。美国农业部水土保持局编制的《水文工程手册》中依据土壤渗透性将不同质地的土壤划分为 A、B、C、D 四类水文土壤组，见表 5 - 6。

表 5 - 6　　　　　　　　　　　美国农业部水土保持局水文土壤组划分

水文土壤组	渗 透 性	土壤质地	最小下渗率/(mm/h)
A	渗透性高，具有较低的径流潜力	沙、砂质壤土、壤质砂土	7.26～11.43
B	渗透性中高，具有中低的径流潜力	粉砂壤土、壤土	3.83～7.26
C	渗透性中低，具有中高的径流潜力	砂质黏壤土	1.27～3.83
D	渗透性低，具有较高的径流潜力	粉质黏壤土、黏壤土、黏土	0～1.27

本书参照此分类标准对研究区的土壤类型数据进行归类合并，得到满足模型输入要求的水文土壤组，如图 5 - 12 所示。鉴于土壤质地及其理化性质相对稳定，不会发生本质变化，因此整个研究期采用相同的水文土壤组。

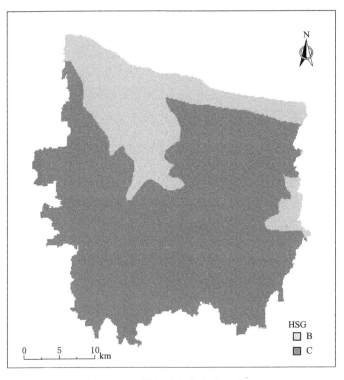

图 5 - 12　研究区水文土壤组分布

3. 日降水量

降水是水文模型中最主要的气象数据之一，通过中国气象科学数据共享服务网获得研究区内郑州气象站（区站号为 57083）1951 年 1 月 1 日—2019 年 12 月 31 日的逐日降水量数据，根据 L-THIA 模型的输入要求，对数据格式进行整理和转换。

5.2.1.4 模型有效性验证

通过对比实测数据与模拟数据的相对误差是检验模型模拟效果及适用性的有效方法，选用相对误差 R_e 为评价标准，计算公式为

$$R_e = \frac{\sum\limits_{i=1}^{n} |Q_{si} - Q_{oi}/Q_{oi}|}{n} \times 100\% \tag{5-16}$$

式中：R_e 为相对误差；Q_{si} 为模拟值；Q_{oi} 为实测值；n 为数据的个数。

研究区缺乏长期径流监测数据，在研究时段内仅获取到 2005 年、2010 年、2015 年的年地表径流总量，将其作为验证用实测径流数据。同时，将 2005 年、2010 年、2015 年 3 个年份的土地利用数据、土壤数据、逐日降水量输入 L-THIA 模型，可得到 3 个年份对应的研究区地表径流总量，将其作为验证用模拟径流数据。模型有效性验证结果见表 5-7。

表 5-7 L-THIA 模型模拟结果评价

年份	实测径流量 /亿 m³	模拟径流量 /亿 m³	相对误差 /%	平均相对误差 /%
2005	0.89	1.04	16.30	
2010	0.88	0.98	11.55	10.35
2015	0.86	0.83	−3.21	

由表 5-7 分析可知，不同年份模拟径流量与实测径流量对比结果略有差别，2005 年和 2010 年模拟径流量比实测径流量分别大 16.30% 和 11.55%，2015 年模拟径流量比实测径流量小 3.21%，相对误差均在 20% 以内，与同类研究结果相似，说明 L-THIA 模型及模型参数设置能够满足研究区的径流量模拟，可做进一步的研究。

5.2.1.5 研究区 CN 值空间分布

CN 值是计算地表径流的核心参数，在完成 L-THIA 模型参数率定和有效性验证的基础上，利用 L-THIA 模型可视化的优势，将研究区 1990—2019 年 7 期土地利用和土壤类型数据输入模型，可得到对应时期的 CN 值空间分布，如图 5-13 所示，为下一步地表径流量模拟提供关键基础数据。

5.2.2 不透水面扩张对日径流量的影响

不同雨情形成的径流量差异较大，为确定不同雨情下不同土地利用状态的日径流量变化规律，选取各等级雨情下代表性降水量，分别模拟小雨、中雨、大雨和暴雨情景下由于不透水面的年际变化而导致的主城区日径流量变化，以定量比较不透水面扩张对日径流量的影响。

5.2.2.1 单日雨情划分

根据气象部门降水量等级划分的标准（见 5.1.1 小节），结合郑州气象站监测的 1951—2019 年逐日降水量，本书选择日降水量 8mm、15mm、35mm、60mm 分别代表小

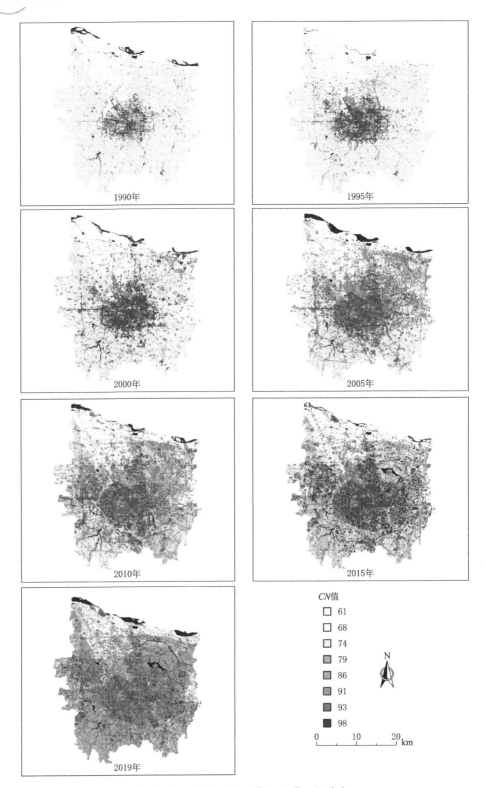

1990年　　1995年

2000年　　2005年

2010年　　2015年

2019年

CN值

□ 61
□ 68
□ 74
■ 79
■ 86
■ 91
■ 93
■ 98

N

0　　10　　20 km

图 5 - 13　1990—2019 年 CN 值空间分布

雨、中雨、大雨和暴雨的降水量雨情。

5.2.2.2 不同雨情下不透水面扩张对日径流量的影响

以 L - THIA 模型为平台，首先输入 1990—2019 年土地利用及土壤类型数据，得到不同年份的 CN 分布图，然后将不同雨情下的代表性降水量输入模型，计算得到不同雨情下不同土地利用状态下的日径流量，结果见表 5 - 8。

表 5 - 8 　　　　　　　　　不同雨情下不透水面扩张对日径流量的影响

降水量情景	各年份主城区日径流量/万 m³						
	1990 年	1995 年	2000 年	2005 年	2010 年	2015 年	2019 年
小雨	12.37	9.41	24.58	23.80	22.82	38.36	30.68
中雨	46.49	45.41	96.04	109.04	110.53	164.79	148.32
大雨	386.46	410.26	586.02	710.48	757.33	917.54	958.19
暴雨	1441.54	1494.48	1797.14	2059.50	2166.91	2419.09	2560.84

降水量情景	与1990年相比各年份日径流量增加的百分比/%						
	—	1990—1995 年	1990—2000 年	1990—2005 年	1990—2010 年	1990—2015 年	1990—2019 年
小雨	—	−23.94	98.74	92.46	84.49	210.10	148.07
中雨	—	−2.33	106.58	134.54	137.75	254.45	219.03
大雨	—	6.16	51.64	83.84	95.97	137.42	147.94
暴雨	—	3.67	24.67	42.87	50.32	67.81	77.65

通过对表 5 - 8 分析可以发现：

（1）不透水面扩张对日径流量有显著影响，并且这一影响在中雨雨情下最为突出，其次是小雨和大雨，在暴雨情景下影响最弱。当降水情景为中雨时，2019 年不透水面造成的日径流量比 1990 年时高 219.03%；小雨时，这一比例下降到 148.07%；大雨时，这一比例下降到 147.94%；暴雨时，这一比例仅有 77.65%。不透水面扩张对中雨雨情的影响显著大于暴雨雨情，与实际状况相符。由此可见，降水量是控制地表径流量的主要因素，在中雨雨情时，由于雨量适中、雨速慢，在降水过程和流经透水性地表时，受到植被截留、地面填注、土壤下渗等物理过程的影响，地表径流量会显著减小，因此当透水面性地表转换为人工不透水面后，地表径流量因降水初损量的减小而显著增加；而随着雨情的加强，尤其是暴雨雨情时，由于雨量大、雨速快，降水即使降落或流经透水性地表，其削弱作用相对于中雨雨情会大幅下降，当透水面性地表转换为人工不透水面后，降水初损量相对其他雨情时变化不大，因此地表径流量增加比例在 4 种雨情下最小。不透水面扩张对日径流量的影响在小雨和大雨雨情时相近，均高于暴雨雨情、低于中雨雨情，但原因却不同。小雨雨情时，地表径流的形成受植被截留、地面填注、土壤下渗的影响最为显著，在密集植被覆盖区或地势复杂区，由于雨量小，降水初损量最大，地表径流最小。大雨雨情时，地表径流在透水性地表与人工不透水面产生差异的原因与暴雨情景类似，只是受影响程度不及暴雨雨情时明显。

（2）不透水面扩张对日径流量的影响程度与不透水面空间分布有关。2015 年之前，4 种雨情下各时期日径流量增加比例均呈增加趋势，2015 年之后，小雨和中雨雨情下日径流量增加比例呈下降趋势，但仍高于大雨和暴雨雨情。出现这种转变，主要与不透水面的空间分布有关。随着城市化程度的不断提升，2010 年开始郑州市正式将生态城市确定为城市定位和发展目标之一，在城市发展过程中，优化拓展城市发展空间，打造生态山水城市格局，实施了一系列生态水利工程与生态公园系统建设项目，至 2015 年已初见成效，城市水系连通性得到提高，有效绿地面积显著增加。由于城市发展需要，不透水面面积仍处于增加趋势，但不透水面景观的斑块破碎度加大，连片性程度下降，高密度不透水面比例已由 2015 年的 29.98％减少至 2019 年的 24.21％，在新区建设与旧城改造过程中都加入了生态考量，不透水面与绿色空间的布局更加合理。因此，尽管不透水面扩张对日径流量影响仍呈增加趋势，但这种趋势有所减缓。

5.2.3 不透水面扩张对年径流量的影响

不同水文年因降水量差异而导致年径流量不同，为确定不同水文年情境下不同土地利用状态的年径流量变化规律，运用典型水文年情景下的降水量情况对年径流量的响应变化进行比较，以定量比较不透水面扩张对年径流量的影响。

5.2.3.1 丰平枯水年划分

在国家标准 GB/T 50095—2014《水文基本术语和符号标准》中，对丰平枯水年做了如下定义：

(1) 丰水年：年降水量或年河川径流量显著大于正常值（多年平均值）的年份。

(2) 平水年：年降水量或年河川径流量接近正常值的年份。

(3) 枯水年：年降水量或年河川径流量显著小于正常值的年份。

采用累积频率分析法（P-Ⅲ型曲线）划分丰平枯水年，该方法是依据年降水量累积频率曲线，确定统计参数和各频率设计值，进而采用一定降水频率 P 对应的年降水量来作为划分降水量丰平枯的标准。多数学者采用降水频率 37.5％和 62.5％作为划分标准的阈值，即丰水年：$P < 37.5％$，平水年：$37.5％ \leqslant P < 62.5％$，枯水年：$P \geqslant 62.5％$。丰平枯水年划分完毕后，应对划分结果进行评价，即统计各特征级别年份出现次数的百分比，如果各个特征级别的百分比基本均衡，说明系列代表性较好，划分妥当，能够反映客观规律；反之，应延长系列或适当修正级别中的 P 值。本书以郑州气象站 1951—2019 年的年降水量为数据源，对其进行频率统计，绘制主城区降水量 P-Ⅲ型分布曲线，如图 5-14 所示。

由表 5-9 可知，丰水年和平水年出现频次均占总系列的 34.78％，枯水年出现频次占总系列的 30.43％，3 个特征级别的比例基本均衡，认为该降水系列代表性较好，划分妥当，能够反映客观规律。根据丰平枯水年划分结果，在已有的实测系列中选取与设计值相等或接近的年份作为相应的丰平枯代表年。另外，所选丰平枯代表年需满足"年内分配最不利"原则，即丰水年份要选取年内连丰时段相对较长的年份，枯水年份要选取年内连枯时段相对较长的年份，平水年份要选取年内均匀降水时段相对较长的年份。选取典型水文年结果为：2015 年降水量 689.1mm，可代表丰水年降水情景；1980 年降水量585.4mm，可代表平水年降水情景；1997 年降水量 380.6mm，可代表枯水年降水情景。

根据绘制的降水量 P-Ⅲ型分布曲线，以保证率 37.5％和 62.5％分别查找对应的设计值，即丰平枯水年划分阈值，并统计丰平枯水年各等级出现频次及所占比例，结果见

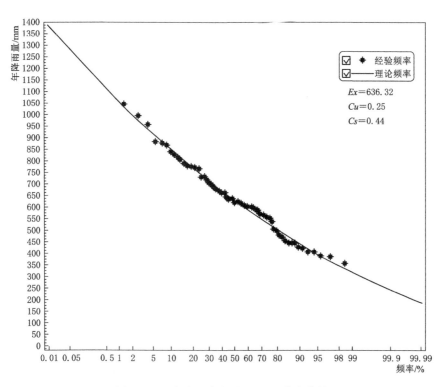

图 5-14　主城区降水量 P-Ⅲ型分布曲线

表 5-9。

表 5-9　　　　　　　　　丰平枯水年划分及各等级出现频次与所占比例

丰平枯年情景	丰　水　年	平　水　年	枯　水　年
降水量区间/mm	＞676.1	575.7～676.1	＜575.7
出现年份	1954、1956、1957、1958、1963、1964、1967、1973、1974、1983、1984、1985、1990、1992、1994、1998、2003、2004、2005、2006、2009、2011、2015、2016	1955、1961、1962、1969、1970、1971、1972、1976、1977、1978、1979、1980、1982、1987、1996、1999、2000、2002、2007、2008、2010、2017、2018、2019	1951、1952、1953、1959、1960、1965、1966、1968、1975、1981、1986、1988、1989、1991、1993、1995、1997、2001、2012、2013、2014
频次/a	24	24	21
比例/%	34.78	34.78	30.43

5.2.3.2　不同水文年不透水面扩张对年径流量的影响

以 L-THIA 模型为平台，首先输入 1990—2019 年土地利用及土壤类型数据，得到不同年份的 CN 分布图，然后将丰平枯水年代表年份的逐日降水量输入模型，得到典型水文年不同土地利用状态下的年径流量，结果见表 5-10。

通过对表 5-10 分析可以发现：

（1）不透水面扩张对丰平枯水年年径流量均有显著影响，3 种典型水文年情景下年径流量均呈增加趋势。由于自然地表向人工不透水面的转换，加之人工排水渠道、地下管网

表 5 - 10　　　　　　　　不同水文年不透水面扩张对年径流量的影响

丰平枯年情景	各年份主城区年径流量/万 m³						
	1990 年	1995 年	2000 年	2005 年	2010 年	2015 年	2019 年
丰水年	2866.81	2930.44	5049.95	5953.98	6222.23	8324.02	8125.86
平水年	2279.47	2285.68	3847.65	4428.67	4583.69	6142.38	5917.29
枯水年	809.36	784.00	1572.86	1810.19	1865.15	2650.45	2491.69

丰平枯年情景	与1990年相比各年份年径流量增加的百分比/%						
	—	1990—1995	1990—2000	1990—2005	1990—2010	1990—2015	1990—2019
丰水年	—	2.22	76.15	107.69	117.04	190.36	183.45
平水年	—	0.27	68.80	94.29	101.09	169.47	159.59
枯水年	—	−3.13	94.33	123.66	130.45	227.47	207.86

等人工设施代替了原有的河流水系，导致城市地区产汇流过程发生了明显的改变，降水过程中的初损量和下渗量在丰平枯水年都会减少，造成地表径流量的增加。丰平枯水年各情境下，2019 年的年径流量相比 1990 年的年径流量增加幅度均超过 150%，枯水年甚至达到 200% 以上，表明不透水面的年际变化导致郑州市主城区的年径流量大幅增加，给城市防洪排涝带来挑战。3 种典型水文年情景下年径流量均以 1990—2015 年增加迅速，2015—2019 年虽仍处于增长趋势，但增速略有减缓，主要与不透水面空间分布变化有关。

（2）不透水面扩张对不同水文年年径流量的影响幅度存在差异，丰水年年径流量的增加幅度显著小于枯水年，说明不透水面扩张对年径流量的影响，枯水年显著大于丰水年。径流量受到降水量和地表覆被两方面因素的影响，虽然降水量是主要控制因素，但地表覆被对径流的影响也不可忽略。平水年的年径流量增加幅度代表正常降水情景下不透水面扩张对年径流量的影响程度，可作为比较丰水年和枯水年年径流量受不透水面扩张影响幅度进行比较的阈值标准。1990—2019 年，丰水年年径流量增加量比枯水年多 5634.17 万 m³，但增加幅度却低于枯水年 24.41%，说明枯水年年径流量的变化受不透水面扩张影响显著大于丰水年。枯水年降水量、降水时长及降水日数相对较少，在自然地表状态下不易形成径流，地表覆被经历了自然地表向人工不透水面转换后，降水下渗量显著减少，相比自然地表状态，不透水面地表更容易形成径流。因此，枯水年年径流量对不透水面扩张的响应最为敏感。丰水年与枯水年刚好相反，由于丰水年降水量、降水时长及降水日数相对枯水年要多，在自然地表状态下也易形成径流，在自然地表转换为人工不透水面后，径流形成过程受到影响相对较小。因此，丰水年年径流量对不透水面扩张的响应敏感度低于枯水年。

5.3　本　章　小　结

本章针对城市水循环要素中的降水与径流变化与不透水面扩张的关系分别展开分析，首先采用城郊对比分析的方法多角度探讨了城郊降水差异，在此基础上，通过数学模型定量分析了不透水面与城郊降水差异的相关关系及不透水面对城区降水变化的贡献率；其次引入 L-THIA 城市水文模型，构建了适用于郑州市的城市地表径流量模拟模型，并模拟了不同雨情和丰平枯水年情景下地表径流量对不透水面变化的响应差异。主要结果与结论如下：

（1）在气候背景一致的条件下，城郊降水差异显著，主要影响因素为下垫面剧烈变化引起的局地水热循环改变而导致城区极端降水增多。城郊降水差异分析表明：城区站与郊区站的年降水量、汛期降水量及最大日降水量的降水系数均大于 1，且两站的年降水量、汛期降水量双累积曲线斜率偏向城区站，说明不透水面扩张对城区降水量影响明显，存在"雨岛效应"；城区站和郊区站降水集中度的倍比关系接近 1，说明不透水面扩张对城区降水集中度影响不明显；城区年内降水多集中在 7 月 17—18 日，郊区年内降水多集中在 7 月 9—10 日，城区年内降水集中期要晚于郊区约 8d，说明不透水面扩张对城区的降水集中期产生延迟效应；不透水面扩张使得城区强降水发生概率增加，其中对暴雨发生概率的影响最大。

（2）不透水面与城郊降水差异呈二次多项式函数关系，当不透水面比例为 30% 以下时，降水强度比率变化无明显规律，城区降水受不透水面比例影响尚不显著，但当不透水面比例超过 30% 以后，降水强度比率近似线性增加趋势，城区降水受不透水面比例影响显著。不透水面对城区年、汛期、主汛期降水量变化的贡献率分别为 34.76%、21.87% 和 44.39%，对夏季雨量增加影响最大。

（3）基于 GIS 平台开发的 L-THIA 模型，作为针对城市化区域而开发的城市水文模型，能够很好地兼容不透水面覆盖度类型数据，模型具有所需参数少、运行效率高、模拟精度高、结果可视化等优势，在研究区的长期地表径流模拟中取得较好的效果。

（4）基于 L-THIA 模型模拟郑州市主城区地表径流发现，近 30 年来研究区地表径流量变化受不透水面扩张影响显著。对于日径流量而言，不透水面扩张对地表径流量的影响在中雨雨情下最为突出，其次是小雨和大雨，在暴雨情景下影响最弱；对于年径流量而言，不透水面扩张对地表径流量的影响在枯水年显著大于丰水年。不透水面扩张对地表径流量的影响程度受不透水面空间分布的影响，相同降水条件下，高密度不透水面区域的地表径流量显著高于低密度不透水面区域，因此合理配置绿色空间与人工不透水面布局有利于降低城市洪涝灾害风险。

第6章　河网水系对不透水面变化的响应特征

城市河流、湖泊、坑塘、水库等构成的河网水系，具有重要的景观价值、娱乐价值和生态价值，是城市生态建设的基本要素，影响着城市环境的舒适感和宜居程度。水体具有较大的热惯性和热容量值、较低的热传导和热辐射率，因此在城市地区发挥着重要的调节局地气候、降低城市温度的热缓释功能。由各类水体构成的河网水系，具有较好的流动性和自净能力，因此在城市地区发挥着重要的行洪调蓄、输移分散污染物的水生态保障功能。以不透水面扩张为表征的城市化进程深刻改变了城市水体的自然特征，受不透水面扩张方向与强度影响，城市河流经历了截弯取直、疏挖扩建的变化过程，城市湖泊、坑塘与水库经历了填埋占用、开挖保护的变化过程，导致城市水体类型及河网水系连通性发生显著变化，影响着城市水体热缓释功能与水生态保障功能的发挥。因此，本书以 RS 技术与GIS 为技术支撑，提取长时序地表水体分布信息，采用空间统计分析与数学模型相结合的方法，以水体类型、水系连通性变化与不透水面的相关性分析为切入点，探讨河网水系对不透水面变化的响应特征。

6.1　不透水面与水体类型变化的相关性分析

城市化进程中因高强度人类建设活动影响，城市河流、湖泊、坑塘等水体遭到截弯取直、掩埋、开挖等人工干预，水体面积及类型发生较大变化。长时序的城市水体时空演变分析对于探讨城市化对水体影响程度有重要意义，但由于水文资料的缺乏，不同时期水体信息的准确获取成为制约揭示城市水体的本底特征及变化趋势的关键因素。RS 技术与GIS 技术的发展为这一难点的解决提供了可能性，本章首先基于长时序遥感影像反演水体信息，并借助 ArcGIS 软件对水体进行分类，最后对不透水面与各类水体变化的关系进行探讨。

6.1.1　地表水体提取

以 ENVI 5.3.1 软件和 ArcGIS 10.2 软件为技术平台，采用覆盖郑州市的 Landsat 系列遥感影像数据对研究区的地表水体进行提取及处理，流程如图 6-1 所示。

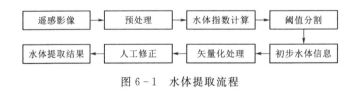

图 6-1　水体提取流程

详细处理过程介绍如下。

1. 影像预处理

影像预处理主要包括影像裁剪、辐射定标、大气校正、影像融合，Landsat ETM＋和 OLI 影像均包含 30m 空间分辨率的多光谱波段和 15m 空间分辨率的全色波段，将多光谱波段与全色波段融合，能够在保持光谱信息的基础上提高影像的空间分辨率，有利于城市地表水体的提取。Landsat TM 影像由于只有多光谱波段，未进行影像融合操作。

2. 水体指数计算

水体提取的主要任务是将水体和背景地物区分，由于绝大多数水体组成物质明确，光谱特征相对稳定，作为一种像元级的目标提取方法，光谱指数法已广泛应用于地表水体的提取。虽然也有一些其他诸如面向对象方法、机器学习方法等用于水体提取，但是光谱指数法由于其计算方便、效率高、提取效果优异等优点，仍是主流的多光谱遥感数据水体提取方法。光谱指数法依据水体在不同波段中的波普特点，通过比值计算增强水体信息，抑制背景信息，最后分析直方图以确定最佳阈值提取水体。最初的水体指数为 Mcfeeters 创建的归一化差异水体指数（normalized difference water index，简称 NDWI），随着研究与应用的深入，学者们针对区域水系特点，提出了具有针对性的水体指数，包括改进的归一化差异水体指数（modified normalized difference water index，简称 MNDWI）、增强型水体指数（enhanced water index，简称 EWI）、新型水体指数（new water index，简称 NWI）、修订型归一化水体指数（revised normalized difference water index，简称 RNDWI）等，其中 MNDWI 有效解决了城市水体信息提取中建筑物和水体混淆的问题，在城市水体研究中得到广泛应用。本文采用 MNDWI 指数对研究区水体进行初步提取，其表达式如下：

$$MNDWI = (R_{Green} - R_{MIR}) / (R_{Green} + R_{MIR}) \qquad (6-1)$$

式中：R_{Green} 和 R_{MIR} 分别为影像的绿光和中红外 1 波段的反射率。

3. 阈值分割

在 ENVI 5.3.1 软件中，首先依据式（6-1），采用波段运算工具（Band Math）计算水体指数，七期影像的水体信息得到增强处理；其次将增强影像与原始影像进行叠加，采用感兴趣工具（Region of Interset Tool）进行水陆分离，通过目视判别和人工调试设定最佳阈值并生成水体 ROI 文件。7 个研究年份初步水体提取选用的阈值分别为 0.0015（1990 年）、0.0256（1995 年）、0.0419（2000 年）、0.1255（2005 年）、0.0059（2010 年）、0.8509（2015 年）、0.7928（2019 年）。

4. 初步水体信息提取

在 ENVI 5.3.1 软件中，基于原始影像和上一步生成的水体 ROI 文件，采用感兴趣区裁剪工具（Subset Data from ROIs）将水体部分从原始影像中提取出来。

5. 矢量化处理

由于后续研究需要对水体进行分类并计算水系面积、长度等空间信息，因此在 ENVI 5.3.1 软件中采用栅格转矢量工具（Raster to Vector）将提取的水体栅格数据转换为矢量多边形数据。

6. 人工修正

通过 MNDWI 阈值法提取城市地表水体，对城市主干河流、湖泊、水库、坑塘等大型水体提取效果较好，但受制于影像空间分辨率及城市河道两岸的植被、建筑物阴影等因素影响，提取的城市细小河流会出现不连续以及漏分部分河道的情况，因此参照 Google Earth 历史影像数据，在 ENVI 5.3.1 软件中对采用水体指数初步提取到的水体数据进行目视解译及修正处理，得到精确的水体数据。

7. 水体提取结果

在 ArcGIS 10.2 软件中，对提取的水体矢量文件进行拓扑检查、属性添加、制图等操作。由于本书主要研究的是郑州市主城区内河水体受不透水面扩张的影响程度，而北部边界的黄河属于过境河流，因此本次研究将其掩膜掉，以突出其他城市地表水体的变化信息。

1990—2019 年主城区水体提取结果如图 6-2 所示。

6.1.2 水体时空演变特征

6.1.2.1 水体分类

为进一步分析研究区不同水体类型的变化，根据 GB/T 21010—2017《土地利用现状分类》中的二级分类体系，结合研究区的水体特征，进一步将所提取的水体信息分为城市河流、城市湖泊、水库、坑塘四大类。由于不同类型的水体光谱特征差异较小，因此无法利用光谱信息对提取的水体准确分类。但由于不同水体的空间特征各有特点，因此可以利用面积、周长、形状等几何形态特征来区分各类水体。城市河流、城市湖泊和水库周长较长、面积较大，而坑塘的周长较短、面积也较小。不同类型的水体形状各有特点：城市河流呈弯曲的长条状，城市湖泊和水库边界一般平坦光滑，坑塘中的池塘形状较圆滑，近似椭圆，而鱼塘则呈规则的四边形。

将 7 个年份的矢量水体数据导入 ArcGIS 10.2 软件中，计算出每个矢量多边形的面积、周长及形状指数，并将计算结果与目视判读相结合来对水体进行分类，选用的形状指数公式为

$$K = \sqrt{A}/P \qquad (6-2)$$

式中：K 为形状指数；A 为面积；P 为周长。圆的形状指数最大（$K > 0.25$），正方形次之（$K = 0.25$）。一般情况下，形状越不规则，其形状指数越小。因此，城市河流的形状指数较城市湖泊、水库、坑塘要小。根据目视判读选择阈值，取 $K \leqslant 0.03$ 为城市河流，$K \geqslant 0.03$ 为城市湖泊、水库和坑塘。主城区内水库数量较少，结合文献记载资料选取。城市湖泊和坑塘进一步依据面积来区分，$A \geqslant 7.73\text{hm}^2$ 为湖泊，$A \leqslant 7.73\text{hm}^2$ 为坑塘。最后通过目视进一步修改误判的水体类型，水体分类结果如图 6-3 所示。

6.1.2.2 各类水体时空变化特征

分别对研究期内 7 个年份的各类水体面积进行统计，并计算水体面积变化和变化速率，结果见表 6-1、表 6-2。

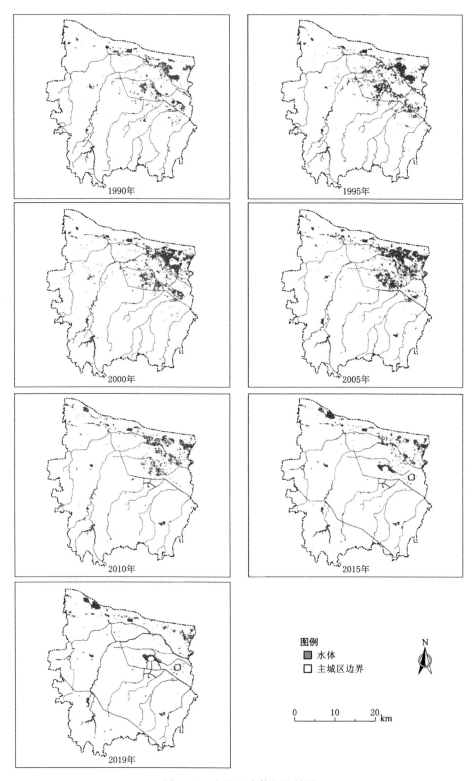

图 6-2　主城区水体提取结果

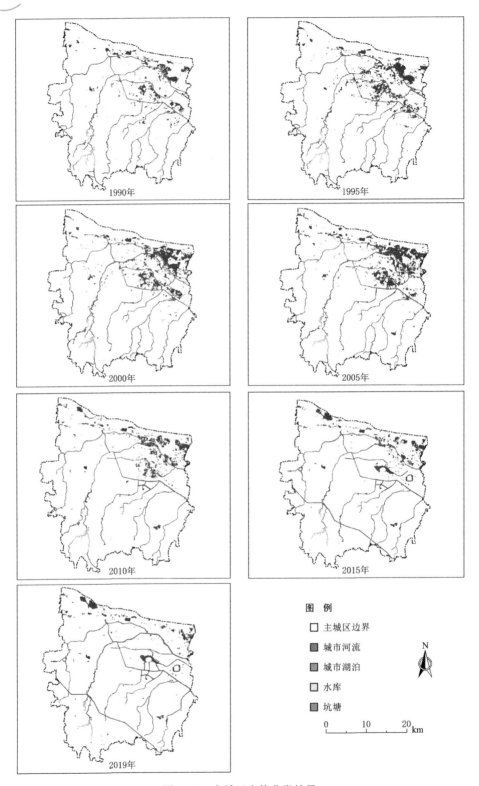

图 6-3　主城区水体分类结果

表 6-1　　　　　　　　　各年份水体面积　　　　　　　　单位：hm^2

水体类型	1990 年	1995 年	2000 年	2005 年	2010 年	2015 年	2019 年
城市河流	595.46	510.55	465.96	462.17	595.38	777.96	1145.47
城市湖泊	58.59	64.54	63.34	113.39	204.97	558.61	695.21
水库	223.72	184.10	271.41	223.09	209.68	226.31	229.55
坑塘	1083.33	1582.04	1777.34	2172.64	1000.28	806.18	770.14
合计	1961.09	2341.23	2578.05	2971.29	2010.31	2369.07	2840.37

表 6-2　　　　　　　　　不同时期水体变化信息

水体类型	1990—2005 年		2005—2010 年		2010—2019 年		1990—2019 年	
	变化面积 /hm^2	年均变化率 /%	变化面积 /hm^2	年均变化率 /%	变化面积 /hm^2	年均变化率 /%	变化面积 /hm^2	年均变化率 /%
城市河流	−133.28	−1.68	133.21	5.20	550.09	7.54	550.02	2.28
城市湖泊	54.80	4.50	91.58	12.57	490.24	14.53	636.62	8.90
水库	−0.63	−0.02	−13.41	−1.23	19.87	1.01	5.83	0.09
坑塘	1089.32	4.75	−1172.37	−14.37	−230.14	−2.86	−313.19	−1.17
合计	1010.20	2.81	−960.98	−7.52	830.07	3.92	879.28	1.29

分析水体总面积变化发现，1990—2019 年郑州市主城区地表水体经历了波动增长的发展趋势，由 1961.09hm² 增加到 2840.37hm²，共增加 879.28hm²，年均增长率 1.29%。其中，1990—2005 年地表水体总面积呈增长趋势，年均增长率 2.81%；2005—2010 年水体总面积快速减少，年均减少率 7.52%；2010 年之后水体总面积又恢复增长趋势，年均增长率 3.92%。水体总面积在研究期内经历了两次快速增长阶段，但增长原因不同，1990—2005 年水体总面积的增加主要由于坑塘面积的增加，2010—2019 年水体总面积增加主要由于城市河流和城市湖泊面积的增加；2005—2010 年水体总面积的显著减少主要由于坑塘面积的减少。坑塘是 1990—2010 年引起水体总面积增减的主要水体类型，城市河流和湖泊是 2010—2019 年引起水体总面积增加的主要水体类型。

分析各类水体时空变化发现，1990—2019 年城市河流面积增加了 550.02hm²，城市湖泊面积增加了 636.62hm²，水库面积增加了 5.83hm²，坑塘面积减少了 313.19hm²，对水体变化面积贡献率分别为 36.53%、42.28%、0.39% 和 −20.80%。

6.1.3　不透水面与各类水体变化的关系

对研究区 1990 年、1995 年、2000 年、2005 年、2010 年、2015 年、2019 年不透水面比例与对应时期内的各类水体面积分别进行线性、指数、对数和多项式等多种模型的回归分析（由于水库面积基本保持不变，因此未做回归分析），得到的最佳回归模型结果如图 6-4 所示。

由图 6-4 可知，不透水面比例与城市河流面积、城市湖泊面积呈正相关关系，且以二次多项式函数关系模型的相关度最高，相关系数均在 0.9 以上，且通过 0.05 显著性检验；与坑塘面积呈负相关关系，但相关性不如城市河流、湖泊明显。城市河流面积呈先减后增的 V 形增长趋势，研究期末面积明显高于初期面积，拐点出现在 2005 年；城市湖泊

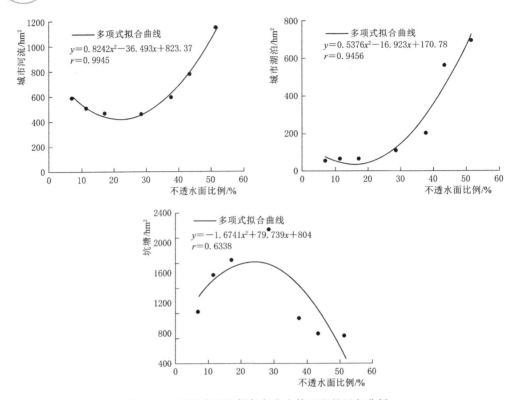

图6-4　不透水面比例与各类水体面积的回归分析

面积呈持续增长趋势，但在2005年之后增长趋势明显高于2005年之前，2005年同样可以看作其进入快速增长期的拐点年份；水库在研究期内面积较为稳定，变化幅度不明显；坑塘面积呈先增后减的倒V形减小趋势，研究期末面积低于初期面积，拐点出现在2005年。可以看出，主城区内各类水体增减变化拐点均出现在2005年，这主要是由于在城镇化建设过程中，主城区内部不透水面不断增加，贾鲁河、索须河上游一些细小河汊相继因建设用地占用而被填埋，导致1990—2005年城市河流面积出现减少趋势。由于主城区内的城市湖泊多为人工湖，不但未因城市扩展而被挤占，反而因人类生活需求得到发展，因此城市湖泊面积在1990—2005年稳中有增。由于花园口灌区的发展，金水区、惠济区开挖了大量鱼塘发展区域经济，因此坑塘面积在1990—2005年显著增加。2005年之后除坑塘减少外，其他水体类型均呈增长趋势。2005年之后不透水面扩张趋势仍然显著，虽然一些细小河流、湖泊被填埋，但得益于2007年郑州市颁布实施了《郑州市生态水系规划》，河道治理各项工程有序展开，开挖、拓宽了主干河道，使河流总面积得到增加。到2010年，经过治理后的河道初步显现出生态景观的雏形，同时先后又实施了东风渠引黄供水补源灌溉工程和南部河道水系输水工程，新建了如意湖、龙子湖、北龙湖等城市湖泊，初步实现了生态水系"水通、水清、水美"的建设目标，因此2005年以后城市河流、湖泊面积均明显增加。2008年郑东新区进入全面建设阶段，大量坑塘被填埋或改造，因此2005年之后坑塘面积大量减少。图6-5列出了2005年和2019年主城区典型水体变化区。可以看出，2005年金水区内坑塘众多，贾鲁河河道较窄，最宽处不足25m，如图6-

5（a）所示，2019坑塘大量减少，改造为城市湖泊或建设用地，贾鲁河河道拓宽，最宽处达150m以上，如图6-5（b）所示。

（a）2005年 （b）2019年

图6-5 主城区典型水体变化区

6.2 不透水面与水系结构及连通性变化的相关性分析

城市水系的连通增强了河流水系的物质能量传递功能，入河污染物的浓度和毒性借助水流的作用得到降低，源源不断的水流和丰富多样的河床则为河流生态系统中的各种生物创造了良好的生境，因此城市水系具有重要的物质能量传递、水环境净化和生态维系功能。随着不透水面的扩张，城市地区的自然河网水系受到人类活动的强烈干扰，如河流被侵占或截弯取直，湖泊与坑塘被填埋或合并等，导致水系结构发生了显著改变，并引起水系连通性的相应变化，由此造成洪水宣泄不畅、水环境恶化等次生环境问题，降低了区域水资源和水环境的承载能力。为了定量评估不透水面与城市水系结构及连通性的相互作用，基于地表水体提取结果获取水系数据，然后构建描述城市水系结构及连通性的评价指标体系，在此基础上定量分析不透水面与水系结构及连通性的关系。

6.2.1 水系数据提取

以提取的地表水体为基础，对其进行概化处理，得到矢量化的线状河网水系，并且在ArcGIS 10.2软件对各条河流属性进行统计计算，结果如图6-6、表6-3、表6-4所示。

6.2.2 水系结构及连通性评价体系构建

河流水系在发育过程中，在自然和人为因素的影响下自身所形成的格局，称为水系结构形态；河流水系之间通过相互连通呈现的连通性程度，称为水系连通形态。对水系结构及连通性的评价可借鉴景观生态学中的相关指标和方法。景观生态学认为河流是廊道的一种，同时用节点来描述廊道的外部特性。因此，可把河流的起源和交汇点看作节点，各节点之间的部分看作廊道，河流水系可以看作一种由水道、河床和河岸植被组成的特殊廊

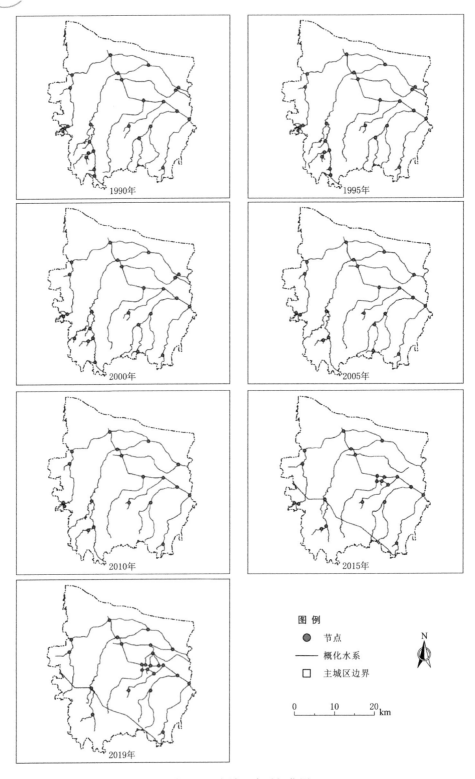

图 6-6　主城区水系概化图

表 6-3　　　　　　　　　　　主城区各条河流长度与面积

年份	指标	贾鲁河	魏河	索须河	东风渠	金水河	熊耳河	七里河	潮河	合计
1990	河长/km	90.16	23.24	56.60	30.66	28.03	18.21	47.48	21.92	316.30
	面积/km²	140.33	38.47	118.48	76.52	56.22	30.09	74.87	60.48	595.46
1995	河长/km	88.99	23.27	53.53	30.72	23.10	17.17	45.19	22.02	304.00
	面积/km²	107.54	37.59	109.73	83.57	41.57	27.30	59.77	43.48	510.55
2000	河长/km	86.23	22.30	51.25	30.31	22.86	16.55	49.53	21.82	300.84
	面积/km²	112.71	30.44	79.90	81.27	38.48	25.56	61.22	36.39	465.96
2005	河长/km	79.25	19.84	48.59	30.34	22.30	14.81	45.43	21.43	281.99
	面积/km²	93.73	21.18	44.27	112.81	43.20	35.18	78.01	33.80	462.17
2010	河长/km	80.59	19.94	48.41	30.07	22.98	15.03	30.50	19.94	267.47
	面积/km²	111.64	32.47	110.76	162.70	44.61	42.71	68.67	21.81	595.38
2015	河长/km	61.30	18.49	49.75	29.95	23.01	14.80	33.62	21.67	252.60
	面积/km²	84.42	49.56	136.05	171.95	44.24	47.37	80.47	41.90	655.96
2019	河长/km	59.64	28.51	45.96	30.06	18.59	14.52	30.16	21.30	248.67
	面积/km²	404.39	72.00	132.02	195.81	35.06	39.07	93.61	49.85	1021.81

表 6-4　　　　　　　　　　　水系个数及节点个数统计

年份	1990	1995	2000	2005	2010	2015	2019
水系个数	53	53	51	43	39	49	60
节点个数	26	26	25	21	19	22	24

道，河流水系的连通使得河流水系在空间上相互交错，形成的一个水系网络。水系的网络连通性源于景观生态学中景观生态网络连接度的概念，依据图论的计算原理对水系的连通性进行评价。水系结构形态指标和连通形态指标分别可用以反映水系发育程度和水系连通性强弱。本书选取河频数、水面率、河网密度来测度主城区水系的结构格局变化，选取是水系环度、节点连接率、网络连接度来测度主城区水系的连通性格局变化，建立水系结构及连通性评价指标体系，指标含义见表 6-5 所述。

表 6-5　　　　　　　　　　　水系结构及连通性指标体系

类　型	指　标	计　算　公　式	物　理　意　义
结构形态指标	河频数 r_f	$r_f = m/A_r$	反映河流数量发育程度
	水面率 r_p	$r_p = A_w/A_r$	反映河流面积发育程度
	河网密度 R_p	$R_p = (\sum_{i=1}^{m} L_i)/A_r$	反映河流长度发育程度
连通形态指标	水系环度 α	$\alpha = (m-n+1)/(2n-5)$	反映河网水系中每个节点的物质能量交换能力
	节点连接率 β	$\beta = 2m/n$	反映河网水系中每个节点与其他节点连接的难易程度
	网络连接度 γ	$\gamma = m/3(n-2)$	反映水系之间连通程度

注　m 为水系个数；n 为节点个数；A_r 为区域总面积；A_w 为河流水系面积；L_i 为河流 i 的长度。

6.2.3 不透水面与水系结构形态变化的关系

将河流数量、面积、长度统计结果带入水系结构形态指标计算公式，得到主城区不同年份的水系结构形态指标值，见表6-6。

表6-6 主城区水系结构形态指标值

年份	1990	1995	2000	2005	2010	2015	2019
河频数/(个/km²)	0.01	0.01	0.01	0.01	0.01	0.01	0.01
水面率/%	0.59	0.50	0.46	0.45	0.59	0.65	1.01
河网密度/(km/km²)	0.31	0.30	0.30	0.28	0.26	0.25	0.24

对研究区1990年、1995年、2000年、2005年、2010年、2015年、2019年不透水面比例与对应时期内的水系结构形态指标分别进行线性、指数、对数和多项式等多种模型的回归分析（由于河频数未变化，因此未做回归分析），得到的最佳回归模型结果如图6-7所示。

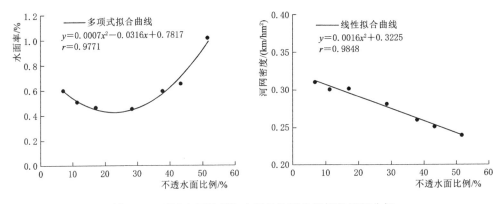

图6-7 不透水面比例与水系结构形态指标的回归分析

由表6-6和图6-7可以看出，研究区水系结构形态指标（除河频数）随着不透水面比例的增加而发生显著变化，不透水面比例与水面率呈二次多项式函数关系，相关系数为0.9771，与河网密度呈线性函数关系，相关系数为0.9848，且均通过0.05显著性检验。主干河流河频数不变，水面率呈先减后增的增加趋势，河网密度呈下降趋势，说明支撑主干河流的支流水系发育越发薄弱，河网呈主干化趋势。由于郑州市主城区内河流水系数量较少，且均为城市排污河道，具有重要的行洪调蓄作用，因此在不透水面剧烈扩张的30年中，主干河流得到保护，河频数未发生变化。水面率和河网密度受到不透水面扩张的影响较为明显，不透水面比例在30%以内时，水面率和河网密度均呈下降趋势，主要原因是，在城市化进程中河流上游一些细小河汊被填埋，导致河流长度、面积均减小。当不透水面比例超过30%以后，人们在满足城市建设需求的同时积极开展了河道整治工程，对河道进行了清障、疏挖、护砌，取得明显效果。尽管不透水面的持续扩张继续侵占着一些细小河流，河流长度持续减小，河网密度也持续降低，但由于拓宽了河道，河流面积变为增长趋势，水面率得到提高。对主城区内各主干河流分析可知，30年间受不透水面扩张影响最大的是贾鲁河，由于上游河道被填埋，中下游河道被拓宽，河长减少30.52km，面积却增加 264.07km²，受到人为干扰最大。索须河、东风渠、熊耳河、七里河同样表现出河流长度减小，面积增加的变化趋势，说明在郑州市主城区城市建设过程中，主干河流的分汊多被占用，而主干河流自身被拓宽，人类活动在水系结构形态变化中起到决定性作用。

6.2.4 不透水面与水系连通形态变化的关系

将水系个数、节点个数统计结果带入水系连通形态指标计算公式，得到主城区不同年份的水系连通形态指标值，见表 6-7。

表 6-7　　　　　　　　　　主城区水系连通形态指标值

年份	1990	1995	2000	2005	2010	2015	2019
水系环度	0.60	0.60	0.60	0.62	0.64	0.72	0.86
节点连接率	4.08	4.08	4.08	4.10	4.11	4.45	5.00
水系连通度	0.74	0.74	0.74	0.75	0.76	0.82	0.91

对研究区 1990 年、1995 年、2000 年、2005 年、2010 年、2015 年、2019 年不透水面比例与对应时期内的水系连通形态指标分别进行线性、指数、对数和多项式等多种模型的回归分析，得到的最佳回归模型结果如图 6-8 所示。

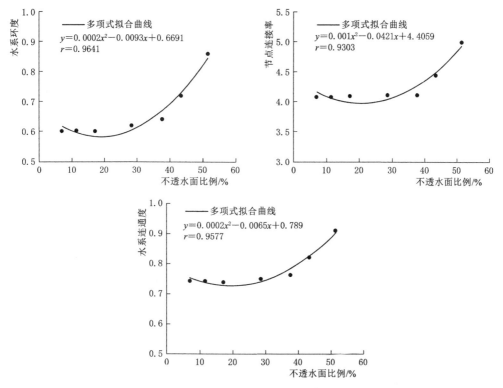

图 6-8　不透水面比例与水系连通形态指标的回归分析

由表 6-7 和图 6-8 可以看出，不透水面比例与水系连通性呈正相关关系，且以二次多项式函数关系模型的相关度最高，相关系数均在 0.9 以上，且通过 0.05 显著性检验，说明不透水面扩张对水系连通性提高有促进作用，但这种作用程度受人类活动干预较大。该规律与水系发达的苏州、南昌等城市不同，主要原因在于郑州市主城区内河流、湖泊较少，且主要为人工河流、湖泊，水系连通状态受人为影响较大。主城区内第一条开挖的人工河东风渠将金水河、熊耳河、七里河等主干河流连接起来，提高了水系连通性。2007年郑州市提出在主城区规划构建"六纵""四横"的生态水网体系目标，以保障区域社会经济与生态环境和谐发展。规划实施后主城区水系环度、节点连接率、水系连通度等指标相比 2005 年均有较大提升。至研究期末，伴随如意湖水系、北龙湖水系、龙子湖水系的建设完善，将东风渠、魏河、贾鲁河等河流进一步连接，主城区水系连通性进一步得到提高，整体的水系连通性处于较高水平，可见规划工程对主城区的水系格局影响显著。以上分析说明郑州市主城区水系受人工渠道的影响显著，虽然城市建设侵占一些细小河流，但整体河网水系经人工渠道沟通形成河河相连、河湖相连的连通格局。

6.3　本　章　小　结

本章首先对城市河网水系的重要性给予阐述，然后基于 RS 技术和 GIS 等技术手段，从城市水体类型变化、城市水系结构及连通性变化两方面揭示河网水系对不透水面变化的响应特征。主要结果与结论如下：

（1）采用 RS 技术和 GIS 技术获取城市水体分布信息，具有长时序、大范围、高精度、效率高等优势，能够弥补传统人工外业勘察水体分布信息耗时耗力的短板。水体信息提取精度主要依赖于遥感影像空间分辨率和水体提取算法两个关键要素，不同城市由于地形、土地覆被等地表特征差异及水质与水系发达度的不同，水体信息具有鲜明的地域特征，在具体操作时要根据研究区实际情况，可结合多源遥感数据，选择合适的水体提取算法提高水体提取精度。

（2）伴随不透水面的扩张过程，城市水体面积发生显著变化。水体总面积经历了先增后减的波动增长过程，其中城市湖泊对水体总面积增加贡献率最大，其次为城市河流，坑塘面积减少最为显著，水库面积基本保持不变。不透水面比例与城市河流、湖泊面积呈正相关关系，与坑塘面积呈负相关关系，主要是由于不透水面作为城市化水平的重要表征指标，其不断扩张的过程也从侧面反映出城市社会经济水平的增强，随之而来的是人们对城市宜居性的需求，因此城市河流、湖泊得到保护、发展。虽然在局部区域城市建设仍旧会侵占部分城市水体空间，但随着生态城市建设的持续推进，更多的水体空间布局在城市新开发区，城市水体总面积呈现出稳步增加的趋势。

（3）对于水系基础薄弱的城市，不透水面扩张显著改变了水系结构形态，细小河流及坑塘被建设用地占用，但主干河流与大型湖泊得到拓宽发展，水系连通性得以提升。造成这一现象的主要原因是郑州市主城区内河流、湖泊较少，且主要为人工河流、湖泊，河流连通状态受人为影响较大。虽然河流上游一些细小支流在不透水面扩张过程中被建设用地占用，河网密度有所下降，但主干河流与大型湖泊面积的增加使水面率得到提升。尤其是《郑州市生态水系规划》的实施，通过对河道进行清障、疏挖、护砌，整体河网水系经人工渠道沟通形成河河相连、河湖相连的连通格局，水系连通性得到提升。

第7章 结 论 与 展 望

7.1 结 论

不透水面的比例、空间分布、景观格局等对城市水循环要素及河网水系演变产生重要影响，因此，开展快速城市化地区不透水面变化对城市水文效应的影响研究，对于认识高强度人类活动影响城市水文环境演变机理和保证城市水安全具有重要理论与实践意义。本书以 RS 技术与 GIS 技术支撑，耦合空间计量方法、多元回归模型及城市水文模型 L-THIA，研究了郑州市主城区不透水面动态变化过程及其对城市水文效应的影响。主要工作与研究结论如下。

1. 构建了 DELSMA 模型

针对传统 LSMA 模型在端元提取过程中存在同物异谱干扰和端元分解过剩的问题，提出了基于影像分层 DELSMA 模型。DELSMA 模型将地物空间信息引入光谱混合分解过程，具有兼顾地物光谱信息与空间特征的优点，影像分层技术的引入净化了纯净像元的提取环境，降低了同物异谱现象对端元选取的干扰，弥补了传统 LSMA 模型在端元选取过程中只考虑不同地物之间光谱信息差异，而忽略同类地物之间光谱空间差异的不足；变端元方法的引入提高了不同影像层中端元集构成的合理性，弥补了传统 LSMA 模型针对整幅影像采用固定四端元进行光谱分解而造成端元分解过剩的不足。精度验证结果表明 DELSMA 模型的不透水面反演精度高出传统 LSMA 模型约 5 个百分点。

2. 揭示了不透水面的时空分异规律

(1) 面积变化：研究区总体上不透水面呈快速增长趋势，全区不透水面比例由 1990 年的 7.01% 增加到 2019 年的 51.49%，各个区的不透水面增量由高到低分别为金水区＞管城区＞中原区＞惠济区＞二七区。

(2) 等级变化：各等级不透水面在研究期内均有所增加，其中高覆盖度（$50\% \leqslant ISP < 75\%$）不透水面增加最为显著，增幅达 25.75%，其次为极高覆盖度（$ISP \geqslant 75\%$）、中覆盖度（$35\% \leqslant ISP < 50\%$）和低覆盖度（$20\% \leqslant ISP < 35\%$），增幅分别为 17.61%、16.45% 和 13.74%，极低覆盖度（$10\% \leqslant ISP < 20\%$）不透水面增幅最小，仅 5.93%。城市扩展过程中将耕地、水田、滩涂等自然地表转变为不同功能的建设用地，导致不透水面覆盖度等级结构的差异性变化。

(3) 空间分布主导方向：研究区不透水面空间分布呈"东南—西北"方向的主导格局，研究期内整体上向东北方扩张，但扩张趋势不显著。各个区不透水面空间分布的主导方向不尽相同，但扩张趋势较为显著。

(4) 空间集聚差异：不透水面扩张具有显著的空间集聚性，且集聚分布态势越来越明显，总体空间差异趋于缩小，空间集聚类型以"高—高"集聚和"低—低"集聚为主。不透水面扩张热点区在城市郊区东南西北多个方向呈现"跳跃式"分布规律，冷点区较为集中于稳定的分布在中心城区。

（5）景观格局变化：各等级不透水面经历了主体景观的更替过程，由自然地表和极低覆盖度等级占主导的景观格局逐步演变为以中高覆盖度等级为主导的景观格局，总体呈破碎化、不规则化、多样化的趋势，景观稳定性有待加强。

3. 分析了不透水面变化与城区降水的关系

在气候背景一致的条件下，城郊降水差异显著，主要影响因素为下垫面剧烈变化引起的局地水热循环改变而导致城区极端降水增多。不透水面与城郊降水差异呈二次多项式函数关系，当不透水面比例为30%以下时，降水强度比率变化无明显规律，城区降水受不透水面比例影响尚不显著，但当不透水面比例超过30%以后，降水强度比率近似线性增加趋势，城区降水受不透水面比例影响显著。不透水面对城区年、汛期、主汛期降水量变化的贡献率分别为34.76%、21.87%和44.39%，对夏季雨量增加影响最大。

4. 模拟了不透水面变化对地表径流的影响程度

从日径流变化和年径流量变化两个方面反映不透水面扩张对径流的影响，发现下垫面条件是影响地表径流的重要因素，不透水面扩张无论是对日径流量还是年径流量都产生显著影响，导致径流量不同程度的增加。对于日径流量而言：不透水面扩张对日径流量的影响在中雨雨情下最为突出，2019年模拟的日径流量相比1990年高219.03%，其次是小雨和大雨，这一比例下降到148.07%和147.94%，暴雨情景下影响最弱，这一比例为77.65%。对于年径流量而言：年径流量在枯水年受不透水面扩张的影响大于丰水年，枯水年情景下2019年模拟的年径流量相比1990年高207.86%，丰水年情景下这一比例为183.45%。

5. 分析了不透水面与城市水体时空变化的关系

伴随不透水面的扩张过程，城市水体面积发生显著变化。水体总面积经历了先增后减的波动增长过程，其中城市湖泊最水体总面积增加贡献率最大，其次为城市河流，坑塘面积减少最为显著，水库面积基本保持不变。不透水面比例与城市河流、湖泊面积呈正相关关系，与坑塘面积呈负相关关系，主要是由于不透水面作为城市化水平的重要表征指标，其不断扩张的过程也从侧面反映出城市社会经济水平的增强，随之而来的是人们对城市宜居性的需求，因此城市河流、湖泊得到保护、发展。虽然在局部区域城市建设仍旧会侵占部分城市水体空间，但随着生态城市建设的持续推进，更多的水体空间布局在城市新开发区，城市水体总面积呈现出稳步增加的趋势。

6. 分析了不透水面对水系结构及连通性变化的关系

对于水系基础薄弱的城市，不透水面扩张显著改变了水系结构形态，细小河流及坑塘被建设用地占用，但主干河流与大型湖泊得到拓宽发展，水系连通性得以提升。造成这一现象的主要原因是郑州市主城区内河流、湖泊较少，且主要为人工河流、湖泊，河流连通状态受人为影响较大。虽然河流上游一些细小支流在不透水面扩张过程中被建设用地占用，河网密度有所下降，但主干河流与大型湖泊面积的增加使水面率得到提升。尤其是《郑州市生态水系规划》的实施，通过对河道进行清障、疏挖、护砌，整体河网水系经人工渠道沟通形成河河相连、河湖相连的连通格局，水系连通性得到提升。

7.2 创　新　点

本书创新点如下：

（1）针对 LSMA 模型在端元选取中存在的同物异谱干扰和端元分解过剩的问题，引入了影像分层技术和变端元思想，提出了 DELSMA 模型，提高了不透水面反演精度。

（2）以空间信息技术为支撑，明晰了不透水面扩张轨迹及空间形态变化特征，揭示了各等级不透水面间的转移规律及演变过程，丰富了城市不透水面分异规律研究的理论与方法。

（3）构建了局地尺度上不透水面扩张与城市水文环境变化的关联关系，分析了降水产流过程及河网水系对不透水面变化的响应特征，探究了快速城市化地区水文环境演化机理。

7.3 不　足　与　展　望

虽然在研究中取得了一些成果，但是在诸多方面仍有待进一步改进和深化：

（1）本书主要目的是揭示长期以来城市化进程对城市水文过程的影响，因此选择了历史数据资料丰富的 Landsat 卫星影像，所提出的 DELSMA 模型也是针对中分辨率影像设计的。与中分辨影像不同的是，高分辨率影像包含了丰富的形状、纹理、拓扑等空间信息，充分利用这些信息能够提高不透水面反演精度，但针对高分辨率影像的不透水面遥感反演算法还较少。随着高分辨卫星传感器数量的增加和数据获取难度的降低，在中短期不透水面应用研究中，可尝试结合中高分辨率影像各自优势，开发适用于中高分辨率影像结合使用的不透水面遥感反演算法，进一步提高不透水面反演精度，为不透水面应用研究提供可靠的基础数据。

（2）本书主要关注了城市水循环过程中的降水及径流变化，未对蒸散发、下渗等过程变化开展研究。伴随计算机与遥感技术的发展，通过模型模拟地表蒸散发过程已成为可能，但模型参数主要靠遥感影像反演所得，由于缺乏郑州地区的显/潜热通量、土壤热通量等地面真实通量观测数据，难以对蒸散发模拟结果进行精度验证，成为地表蒸散发研究的制约因素，今后在数据积累的基础上，可进一步开展关于城市水循环过程的变化研究。另外，快速城市化引发的非点源污染也是不透水面水文效应的研究内容之一，在今后研究中可针对不透水面扩张与非点源污染的关系开展专题研究。

（3）本书探讨了不透水面变化对城市河网水系的影响，未对城市河流生态系统演化过程做深入研究。由于土地利用格局变化及人工河湖的建设，城市河道基底多为低渗透性的不透水面，加之生产生活污水的排放，河流底栖生物生存环境遭到污染破坏，生物多样性受到威胁，最终可能导致河流生态系统的恶化。城市河流整治和生态修复作为城市水安全的重要内容之一，在未来研究中，可融合多学科优势开展相关研究，探究城市地表覆被变化对河流生态系统的影响机理，以期平衡好城市发展与河流生态保护之间的关系。

参 考 文 献

[1] ROBERTS D A，Smith M O，Adams J B. Green vegetation，nonphotosynthetic vegetation，and soils in AVIRIS data [J]. Remote Sensing of Environment，1993，44（2）：255 - 269.

[2] Ridd M K. Exploring a V - I - S model for urban ecosystem analysis through remote sensingcomparative anatomy for cities [J]. International Journal of Remote，1995，16（12）：2165 - 2185.

[3] Arnold C L，Gibbons C J. Impervious surface coverage：the emergence of a key environmental indicator [J]. Journal of the American Planning Association，1996，62（2）：243 - 258.

[4] Roberts D A，Gardner M，Church R，et al. Mapping chaparral in the santa monica mountains using multiple endmember spectral mixturem models [J]. Remote Sensing of Environment，1998，65 （3）：267 - 279.

[5] Wu C，Murray A T. Estimating impervious surface distribution by spectral mixture analysis [J]. Remote sensing of environment，2003，84（4）：493 - 505.

[6] Wu C. Normalized spectral mixture analysis for monitoring urban composition using ETM＋ imagery [J]. Remote Sensing of Environment，2004，93（4）：480 - 492.

[7] Xu J，Zhao Y，Zhong K，et al. Measuring spatio-temporal dynamics of impervious surface in Guangzhou，China，from 1988 to 2015，using time-series Landsat imagery [J]. Science of The Total Environment，2018，627：264 - 281.

[8] Zhao Y，Xia J，Xu Z，et al. Impact of urban expansion on rain island effect in Jinan City，North China [J]. Remote Sensing. 2021，13（15）：1 - 16.

[9] 张建云，宋晓猛，王国庆，等. 变化环境下城市水文学的发展与挑战——I. 城市水文效应 [J]. 水科学进展，2014，25（4）：594 - 605.

[10] 刘家宏，王浩，高学睿，等. 城市水文学研究综述 [J]. 科学通报，2014，59（36）：3581 - 3590.

[11] 徐涵秋，王美雅. 地表不透水面信息遥感的主要方法分析 [J]. 遥感学报，2016，20（5）：1270 - 1289.

[12] 李德仁，罗晖，邵振峰. 遥感技术在不透水层提取中的应用与展望 [J]. 武汉大学学报（信息科学版），2016，41（5）：569 - 577.

[13] 田富强，程涛，芦由，等. 社会水文学和城市水文学研究进展 [J]. 地理科学进展，2018，37 （1）：46 - 56.

[14] 胡庆芳，张建云，王银堂，等. 城市化对降水影响的研究综述 [J]. 水科学进展，2018，29（1）：138 - 150.

[15] 晏德莉，李双双，延军平，等. 汉江流域降水非均匀性变化特征分析 [J]. 武汉大学学报（理学版），2020：1 - 9.

[16] 巨鑫慧，高肖，李伟峰，等. 京津冀城市群土地利用变化对地表径流的影响 [J]. 生态学报，2020，40（4）：1413 - 1423.

[17] 王浩，王佳，刘家宏，等. 城市水循环演变及对策分析 [J]. 水利学报，2021，52（1）：3 - 11.

[18] 刘珍环. 快速城市化地区不透水表面动态及其水环境效应研究——以深圳市为例 [D]. 北京：北京大学，2010.

[19] 于赢东. 强人类活动区降水演变规律剖析及影响因子识别 [D]. 北京：中国水利水电科学研究院，2019.

[20] 邬建国. 景观生态学——格局、过程、尺度与等级 [M]. 2版. 北京：高等教育出版社，2007.

[21] 邓书斌，陈秋锦，杜会建，等. ENVI遥感影像处理方法 [M]. 北京：高等教育出版社，2014.

[22] 薛丽芳. 南四湖流域城市化水文效应研究 [M]. 北京：中国矿业大学出版社，2017.

[23] 王鸿翔，付意成，李振全. 城市化河流生态水文效应研究 [M]. 北京：中国水利水电出版社，2019.

[24] 李苗，李斌侠，臧淑英. 城市不透水面信息提取方法及应用 [M]. 北京：科学出版社，2020.

[25] 邵振峰. 多尺度不透水面信息遥感提取模型与方法 [M]. 北京：科学出版社，2021.

[26] 高玉琴. 城市化下秦淮河流域水文效应及风险评价 [M]. 北京：中国水利水电出版社，2021.

[27] 许有鹏. 城市化与水文过程 [M]. 北京：科学出版社，2022.